普通高等教育系列教材

3D 打印技术

李 博 张 勇 刘谷川 许向阳 编著

U0259809

中国轻工业出版社

图书在版编目（CIP）数据

3D 打印技术/李博等编著. —北京：中国轻工业出

版社，2024.8

全国高等院校"十三五"规划教材

ISBN 978-7-5184-1519-9

Ⅰ.①3… Ⅱ.①李… Ⅲ.①立体印刷-印刷术-高等

学校-教材 Ⅳ.①TS853

中国版本图书馆 CIP 数据核字（2017）第 173930 号

责任编辑：杜宇芳

策划编辑：杜宇芳 责任终审：劳国强 封面设计：锋尚设计
版式设计：锋尚设计 责任校对：吴大鹏 责任监印：张京华

出版发行：中国轻工业出版社（北京鲁谷东街 5 号，邮编：100040）
印 刷：三河市万龙印装有限公司
经 销：各地新华书店
版 次：2024 年 8 月第 1 版第 10 次印刷
开 本：787×1092 1/16 印张：12.75
字 数：280 千字
书 号：ISBN 978-7-5184-1519-9 定价：38.00 元
邮购电话：010-85119873
发行电话：010-85119832 010-85119912
网 址：http://www.chlip.com.cn
Email：club@chlip.com.cn
版权所有 侵权必究
如发现图书残缺请直接与我社邮购联系调换
241518J1C110ZBW

前　言

　　3D 打印（也称增材制造）技术是一种非传统加工工艺，是近 30 年来兴起的一项集光、机电、计算机、数控及新材料于一体的先进制造技术。3D 打印改变了传统加工技术里以切削材料为主的制造方式，通过将粉末、液体或片状、丝状等离散材料逐层堆积，直接生成三维实体。理论上，只需要在计算机上设计出结构模型，就可以利用该技术绕过传统制造里复杂的生产工艺，快速地将设计变成实物，这符合现代和未来制造业对产品个性化、定制化、特殊化需求的发展趋势，因此，可以说，3D 打印使得制造技术取得革命性的进步。

　　本书从 3D 打印的基础知识出发，分别介绍了 3D 打印的技术原理、3D 打印的技术分类与优缺点、3D 打印的应用领域、3D 打印与 3D 建模、3D 打印材料、3D 扫描的知识。通过这些基础知识，让读者逐渐走进 3D 打印的世界，对这门新兴的制造技术有一个清晰的了解，为下阶段深入学习打下坚实的基础。

　　对于初学者来说，完全掌握并熟练运用一项新技术还需要经历一个艰难的学习过程，学习内容的难易度影响了学习的速度，这点编者也是深有体会。因此，在编写本书时，编者查阅整理了大量文献资料，力求达到知识内容的完整性，并选取目前最新的公认的研究成果予以展现，保证知识体系的新颖性和正确性。在构建知识体系时，编者按照自己多年的学习实践经验，将纷繁复杂的内容整合归类，分成六大章节进行阐述，尽量采取通俗易懂的语言，降低学习者的难度。第 7 章介绍了开源 3D 打印项目，涉及机械结构、电路框架等内容，学习者在掌握前面内容后，可参照此章内容进行实践尝试。在编写此书的过程中，编者采集众家之说，参考颇多，有些资料已无法查明出处，在此向原作者付出的辛勤劳动表示感谢，本书的内容结构设计吸取了企业的宝贵经验和建议，在此特别感谢北京易速普瑞科技股份有限公司（魔候网）的支持，在本书编辑过程中公司张勇博士、刘谷川先生、李亚男先生给予大量宝贵建议。

　　党的二十大报告指出："实施产业基础再造工程和重大技术装备攻关工程，支持专精特新企业发展，推动制造业高端化、智能化、绿色化发展。"这为加快推进制造业高质量发展、推动中国制造向中国创造、"中国智造"转变，指明了方向、提供了遵循。

　　"复兴号"高铁、C919 大飞机研制、超大直径盾构机"京华号"等一件件"大国重器"彰显着科技创新的实力。3D 打印技术也在这些技术进步中起到了重要的作用，因其固有的"去模具、减废料、降库存"等特点，为制造业高端化、智能化、绿色化发展注入源源动力。

  加快 3D 打印产业发展，符合我国发力增材制造产业的目标，有利于国家在全球科技创新和产业竞争中占领高地，进一步推动我国由"工业大国"向"工业强国"转变，促进创新型国家建设，加快创造性人才培养。

  本书从整体内容设计上来说适用于国内高等院校和职业院校的学习者，其应用范围覆盖大多数与 3D 打印技术相关的专业，如机械设计、模具制造、建筑、医疗、文化创意等，可作为一门基础入门教材使用。本教材在编写过程及后续资源制作过程中建立了更多的数字资源便于使用者学习，相继建设了深圳职业技术学院校级资源库、国家职业教育影视动画专业教学资源库子项目课程资源库（下页二维码供师生使用），在此也感谢深圳职业技术学院的大力支持。教材为深刻贯彻以赛促学、以赛促教的思想，整理了今年的国赛世赛的相关文件及样体作为附录供读者参考。由于编者水平有限，时间仓促，书中难免存在疏漏与不妥之处，敬请读者批评指正，以便在本书修订时进行完善。

国家职业教育影视动画专业教学资源库

数字图文信息处理技术（深职院）资源库

编著者

2022 年 11 月

目　录

1.1 什么是 3D 打印

什么是 3D
打印

3D 打印并非一夜之间冒出来的新技术，这个技术起源于 19 世纪末的美国，并在 20 世纪 80 年代主要在模具加工行业得以发展和推广，在国内叫做"快速成形（Rapid Prototyping，RP）"技术。随着信息和材料技术的进步，快速成形设备已能做到小型化供大家放在办公桌面上使用，其操作并不比传统的纸张激光打印机复杂，所以为了便于向普通民众推广此产品，小型化的快速成形设备被称为"3D 打印机"。虽然 3D 打印机目前很时髦，但此项技术实际上是"19 世纪的思想，20 世纪的技术，21 世纪的市场"。欧美国家正在重整制造业，这个时候老的传统制造方式已没有优势可言，正好 3D 打印技术相比传统制造技术具有革命性变化，3D 打印技术成为欧美国家振兴制造业的新手段。

企业或研究机构普遍喜欢用 Additive Manufacture（AM）来表示 3D 打印技术，国内专业术语称为"增材制造"。2009 年美国材料实验协会 ASTM（American Society of Testing Material）将 AM 定义为 "Process of joining materials to make objects from 3D model data, usually layer upon layer, as opposed to subtractive manufacturing methodologies." 即与传统的去除材料加工方法完全相反，通过三维模型数据来实现增材成形，通常用逐层添加材料的方式直接制造产品。

3D 打印是增材制造（Additive Manufacture）的主要实现形式。"增材制造"的理念区别于传统的"去除型"制造。传统机械制造是在原材料基础上，借助工装模具使用切削、磨削、腐蚀、熔融等办法去除多余部分得到最终零件，然后用装配拼装、焊接等方法组成最终产品。而"增材制造"与之不同，无需毛坯和工装模具，就能直接根据计算机建模数据对材料进行层层叠加生成任何形状的物体。

增材制造技术是由 CAD 模型直接驱动快速制造任意复杂形状三维实体零件或模型的技术总称，其基本过程如图 1-1 所示。首先在计算机中生成符合零件设计要求的三维

CAD 数字模型，然后根据工艺要求，按照一定的规律将该模型在 Z 方向离散为一系列有序的片层，通常在 Z 向将其按一定厚度进行分层，把原来的三维 CAD 模型变成一系列的层片；再根据每个层片的轮廓信息，输入加工参数，自动生成数控代码；最后由成形机喷头在 CNC 程序控制下沿轮廓路径做 2.5 轴运动，喷头经过的路径会形成新的材料层，上下相邻层片会自己黏结起来，最后得到一个三维物理实体。这样就将一个复杂的三维加工转变成一系列二维层片的加工，大大降低了加工难度，这也是所谓的"降维制造"。

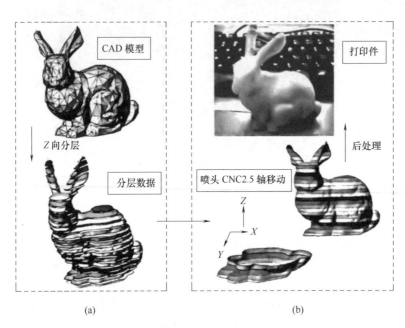

图 1-1 增材制造基本原理（用颜色表示分层）

（a）分层过程，软件处理 （b）叠层过程，成形及实现

3D 打印技术，是以计算机三维设计模型为蓝本，通过软件分层离散和计算机数字控制系统，利用激光束、热熔喷嘴等方式将金属粉末、陶瓷粉末、塑料、细胞组织等特殊材料进行逐层堆积黏结，最终叠加成形，制造出实体产品。与传统制造业通过模具、车床等机械加工方式对原材料进行定型、切削并最终生产出成品不同，3D 打印将三维实体变为若干个二维平面，通过对材料处理并逐层叠加进行生产，大大降低了制造的复杂度。这种数字化制造模式不需要复杂的工序，不需要庞大的机床，不需要众多的人力，直接从计算机图形数据便可生成任何形状的零件，使生产制造的中间环节降到最小限度。

用日常生活中的普通打印机可以打印计算机设计的平面图形，而 3D 打印机与普通打印机工作原理很相似，只是打印材料不同。普通打印机的打印耗材是墨水（或墨粉）和纸张，而 3D 打印机消耗的是金属、陶瓷、塑料等不同的"打印材料"，是实实在在的原材料。打印机与计算机连接后，通过计算机控制可以把"打印材料"一层层地叠加起来，最终把计算机上的蓝图变成实物。通俗地说，3D 打印机是可以"打印"出真实 3D 物体的一种设备，比如打印一个机器人、玩具车、各种模型，甚至是食物或人体器官等。之所以通俗地称其为"打印机"，是参照了普通打印机的技术原理，因为分层加工的过程与通常的打印十分相似，这项打印技术也可称为 3D 立体打印技术。

桌面型 3D 打印机源于 2008 年英国 RepRap 开源项。RepRap 是 3D 桌面打印机发展的基石，直接催生了包括 Makerbot 在内的一大批廉价的普及型 3D 打印机，价格从几千到几万元人民币不等。3D 打印技术目前面临着几个主要问题亟待解决：首先，与传统切削加工技术相比，产品尺寸精度和表面质量相差较大，产品性能还达不到许多高端金属结构件的要求；其次是大批量生产效率还比较低，不能完全满足工业领域的需求；最后，3D 打印的设备和耗材成本仍然较高，如基于金属粉末的打印成本远高于传统制造。由此可见，3D 打印技术虽然是对传统制造技术的一次革命性突破，但目前它却不可能完全取代切削、铸锻等传统制造技术，两者之间应是一种相互支持与补充，共同完善与发展的良性合作关系。

1.2 3D 打印的历史

3D 打印历史

人们将 3D 打印技术称作"19 世纪的思想，20 世纪的技术，21 世纪的市场"。因为其起源可以追溯到 19 世纪末的美国，在业内的学名为"快速成型技术"。一直只在业内小众群体中传播，直到 20 世纪 80 年代才出现成熟的技术方案，在当时，撇开其非常昂贵的价格不说，能打印出的数量也极少，几乎没有面向个人的打印机产品，都是面向企业级的用户。但随着时间的推移，在技术逐渐走向成熟的今天，尤其是 Makerbot 系列以及 RE-PRAP 开源项目的出现，使得越来越多的爱好者积极参与到 3D 打印技术的发展和推广之中。与日俱增的新技术、新创意、新应用，以及呈指数暴增的市场份额，都让人感受到 3D 打印技术的春天。

很多人都认为 3D 打印技术只是某一项单一技术，就像传统的复印机复印技术一样。其实并非如此，3D 打印技术是一系列快速成型技术的统称，其基本原理都是叠层制造，即由快速原型机在 X/Y 轴坐标方向生成目标物体的截面形状，然后在 Z 轴坐标间断地作层面厚度的位移，最终形成三维制件。但撇开技术原理上的差异，单纯从硬件结构上来看，3D 打印又和传统打印设备非常相似。都是由控制组件、机械组件、打印头、耗材和介质等架构组成，并且打印过程也很接近。对于设备用户而言，3D 打印和传统打印的最主要的区别是在电脑上要设计出的是一个完整的三维立体模型，然后再进行打印输出。

由于堆叠薄层的形式不同，3D 打印机在打印机理以及打印材料上都有所差异，也因此将 3D 打印的各项技术划分为多种流派：

（1）基于光敏树脂的 3D 打印机。使用打印机喷头将一层极薄的液态树脂材料喷涂在铸模托盘上，此涂层然后被置于紫外线下进行固化处理，接着铸模托盘下降极小的距离，以便下一个涂层堆叠上来。

（2）采用熔融挤压技术的 3D 打印机。核心流程是在喷头内熔化原材料，接着喷出后通过降温沉积固化的方式形成薄层，然后逐层叠加。

（3）采用喷墨粉技术的打印机。使用粉末微粒作为打印介质，先将粉末微粒涂撒在铸模托盘上形成一层极薄的粉末层，然后由喷出的液态黏结剂进行固化。

（4）使用"激光烧结"来熔铸原材料粉末形成指定模型的技术。这项技术被德国

EOS 公司在其一系列 3D 打印机上所采用。类似的技术还有许多，例如瑞士的 Aream 公司，其主要原理则是利用真空中的电子流来熔化粉末微粒以形成模型。

以上提到的这些仅仅是许多成熟技术中的一些核心部分，当遇到包含孔洞及悬挂等复杂结构时，打印原料中就需要加入凝胶剂或其他辅助材料，以提供支撑或用来填充空间。这部分辅助材料不会在打印完成后自动去除，需要进行后处理——用水或气流冲洗掉支撑物才可形成孔隙。

现如今可用于打印的材料种类繁多，从各式各样的塑料到金属、陶瓷以及橡胶类物质，甚至有些打印机还能结合不同材料和工艺进行打印，如图 1-2 所示的混合材料打印的物品，便是由多种不同的材料直接打印生成。

图 1-2　多种材料混合打印的物品

让我们先抛开各项繁杂的技术不谈，从一个终端用户的角度来看待 3D 打印技术，会惊喜地发现它是如此的熟悉，使用的过程和普通打印机几乎是完全一样的。通常来说，人们使用传统技术的打印机进行打印，过程是这样的：轻点电脑屏幕上的"打印"按钮，一份数字文件便被传送到一台喷墨打印机上，接着打印机将一层墨水喷到纸的表面以形成一幅二维图像。而使用 3D 打印也是一样，只需要点击控制软件中的"打印"按钮，控制软件通过切片引擎完成一系列数字切片，然后将这些切片的信息传送到 3D 打印机上，后者会逐层进行打印，然后堆叠起来，直到一个固态物体成型。

就用户实际感受而言，往往是感觉不到 3D 和传统打印机在制作流程上的不同，能感受到的最大区别在于使用的"墨水"是实实在在的原材料，正是因为这样的相似，快速成型技术才会被形象地称为 3D 打印技术。但 3D 打印技术能形成现今如此繁多的种类、机型以及良好的用户体验，也是在众多科研人员前赴后继的努力之下，经过了漫长的发展而来的。

业界公认的 3D 打印技术最早始于 1984 年，当时数字文件打印成三维主体模型的技术被美国发明家 Charles Hull 率先提出。并且在 1986 年，他又进一步发明了立体光刻工艺——即利用紫外线照射光敏树脂凝固成型来制造物体，并将这项发明申请了专利，这项技术后来被称为光固化成型（SLA）。随后他继续不懈地努力奋斗，离开了原来工作的 Ultra Violet Products 公司，开始自立门户，并把新创办的公司命名为 3D Systems（现今全球最大的两家 3D 打印设备生产商之一）。在不久后的 1988 年，3D Systems 公司便生产出了第一台其自主研发的 3D 打印机 SLA-25D，如图 1-3 所示。SLA-25D 的面世成为了 3D 打印技术发展历史上的一个里程碑事件，其设计思想和风格几乎影响了后续所有的 3D 打印设备。但受限于当时的工艺条件，其体型十分庞大，有效打印空间却非常狭窄。

1988 年，一位来自于美国康涅狄格州 Scott Crump 的年轻人发明了另外一种 3D 打印技术——熔融挤压成形（FDM）。这项 3D 打印技术利用蜡、ABS、PC、尼龙等热塑性材料来制作物体，他在成功发明了这项技术之后也成立了一家公司，并将其命名为 Strata-

图1-3 第一台3D打印机 SLA-25D

sys。目前 3D Systems 和 Stratasys 已成为 3D 打印领域最大的两家公司，合计占据全球专业 3D 打印机销量的 74%（2010 年数据）。

仅仅一年后的 1989 年，美国得克萨斯大学的 C. R. Dechard 博士发明了第三种 3D 打印技术——选择性激光烧结技术（SLS），这项技术是利用高强度激光将尼龙、蜡、ABS、金属和陶瓷等材料粉末烧结，直至成形。

在 1993 年，麻省理工大学教授 Emanual Sachs 也加入了进来，创造了三维印刷技术（3DP），将金属、陶瓷的粉末通过黏结剂粘在一起成形。并在 1995 年，由麻省理工大学的毕业生 Jim Bredt 和 Tim Anderson 修改了喷墨打印机方案，实现了将约束溶剂挤压到粉末床上，而不必局限于把墨水挤压在纸张上，随后创立了现代的三维打印企业 ZCorporation。

1996 年，在一定程度上可以算是 3D 打印机商业化的元年，在这一年，3D Systems、Stratasys、ZCorporation 分别推出了型号为 Actua2100、Genisys 和 2402 的三款 3D 打印机产品，并第一次使用了"3D 打印机"的名称。

另一个重要的时刻是 2005 年，由 ZCorporation 推出了世界上第一台高精度彩色 3D 打印机——Spectrum251D，如图 1-4 所示。

同一年，开源 3D 打印机项目 RE-PRAR 由英国巴恩大学的 Adrian Bowyer 发起，他的目标是通过 3D 打印机本身，来打印制造出另一台 3D 打印机，从而实现机器的自我复制和快速传播。经过三年的努力，在 2008 年，第一代基于 RE-PRAP 的 3D 打印机正式发布，代号为"Darwin"，这款打印机可以打印它自身元件的 40%，但体积却只有一个箱子的大小。

进入 2010 年，3D 打印行业的发展速度明显加快。在 2010 年 11 月，一辆完整

图1-4 第一台高精度彩色 3D 打印机 Spectrum251D

身躯的轿车由一台巨型 3D 打印机打印而出，这辆车的所有外部件，包括玻璃面板都是由 3D 打印机制造完成的。使用到的设备主要是 Dimension3D 打印机，以及由 Stratasys 公司数字生产服务项目 Red Eyeon Demand 提供的 Fortus3D 成型系统。

2011 年 8 月诞生了世界上第一架 3D 打印飞机，这架飞机由英国商安营敦大学的工程师建造完成。同年的 9 月，维也纳科技大学也开发了更小、更轻、更便宜的 3D 打印机，

这个超小 3D 打印机仅重 1.5kg（图 1-5），价格预计约 1200 欧元。

图 1-5　超便携的 3D 打印机

2012 年 3 月，3D 打印的最小极限再一次被维也纳大学的研究人员刷新，他们利用二光子平版印刷技术，制作了一辆长度不足 0.3mm 的赛车模型，如图 1-6。并且在同年 7 月，比利时国际大学鲁汶学院的一个研究组测试了一辆几乎完全由 3D 打印所制作的小型赛车，其车速达到了惊人的 140km/h。紧接着在 12 月，3D 打印机的枪支弹夹也由美国分布式防御组织测试成功。

纵观整个 3D 打印机的发展历史，我们可以看到，随着 3D 打印技术的多元化以及种类逐渐变多，3D 打印机可打印的物品也更加多元、更加丰富。而且，3D 打印机的打印价格也在随着技术的发展，成本逐渐降低。在 1999 年，3D Systems 发布的 SLA7000 要价 80 万美元，而到了 2013 年推出的 Cube 仅需 1299 美元。另外，虽然对于普通用户和制造企业来说，3D 打印的大规模产业化时间还没有成熟，但我们从中可以看出 3D 打印机开始向两极逐渐分化，除了百万元级的大型 3D 打印机之外，国内目前也出现了面向个人用户价格为几千元的 3D 打印机，如图 1-7 所示。

图 1-6　显微镜下的 3D 打印赛车模型

图 1-7　面向消费者的桌面 3D 打印机

虽然目前的 3D 打印技术还受到许多限制，例如缺乏稳定廉价的原材料、高效精确的设备以及成熟的商业应用等。但人们已经在珠宝、制鞋、工业设计、建筑、土木工程、汽车、航空航天、医疗、教育、地理信息系统，以及其他许多领域看到了它巨大的潜力和价值。所以，我们有理由相信，随着 3D 打印技术不断的发展和大量资源的不断投入，以及不同背景专业人员的积极参与，将很快可以看到 3D 打印机为我们呈现更加精细和更加实用的物品，以此来造福整个人类社会。

2.1 立体光刻成型 SLA

光固化立体
成型

光固化成型（Stereo Lithography Apparatus，SLA）也被称为立体光刻成型，属于快速成型技术中的一种，简称为 SLA，有时也称为 SL。该技术是最早发展起来的快速成型技术，也是目前研究最深入、技术最成熟、应用最广泛的快速成型技术之一。

光固化成型技术主要是使用光敏树脂作为原材料，通过特定波长与强度的激光（紫外光）聚焦到光固化材料表面，使之由点到线、由线到面的顺序凝固，从而完成一个层截面的绘制工作。然后在垂直方向上升降打印台一个层厚单位的高度，接着再照射固化下一个层面。这样循环完成固化、移动的过程，从而层层叠加完成一个三维实体的打印工作。

2.1.1 技术原理

光固化成型技术最早由美国麻省理工学院的 Charles Hull 在 1986 年研制成功，并于 1987 年获得专利，是最早出现的、技术最成熟和应用最广泛的 3D 打印技术。主要以光敏树脂为原材料，通过计算机控制紫外激光发射装置逐层凝固成型。SLA 工艺能简洁快速并全自动地打印出表面质量和尺寸精度较高、几何形状复杂的原型。

光固化打印效果除了受打印设备的影响，受光敏树脂材料性能的影响很大。供使用的打印材料必须具有合适的黏度，固化后需具备一定的强度，并且在固化时和固化后产生的收缩及扭曲变形较小。更重要的是，为了实现高速、精密的打印操作，需要供打印的光敏树脂具有合适的光敏性能，不仅要在较低的能量照射下完全固化，而且树脂的固化深度也应合适。

SLA 的工作原理如图 2-1 所示，在计算机控制下，紫外激光部件按设计模型分层截面得到的数据，对液态光敏树脂表面逐点扫描照射，使被照射区域的光敏树脂薄层发生聚合反应而固化，从而形成一个薄层的固化打印操作。当完成一个截面的固化操作后，工作台沿 Z 轴下降一个层厚的高度。由于液体的流动特性，打印材料会在原先固化好的树脂表面自动再形成一层新的液态树脂，因此照射部件便可以直接进行下一层的固化操作。新固化的层将牢固地结合在上一层固化好的部件上，循环重复照射、下沉的操作，直到整个部件被打印完成。但在打印完成后，还必须将原型从树脂申取出再次进行固化后处理，通过强光、电镀、喷漆或着色等处理得到需要的最终产品。

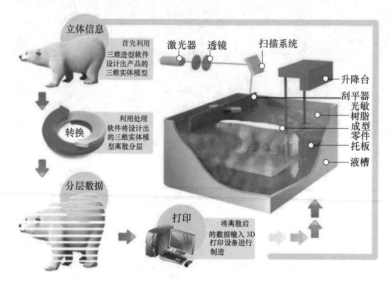

图 2-1　SLA 打印技术原理

需要特别注意的是，因为一些光敏树脂材料的结性非常高，使得在每层照射固化之后，液面都很难在短时间内迅速流平，这将会对打印模型的精度造成影响。因此，大部分SLA 设备都配有刮刀部件，在打印台每次下降后都通过刮刀进行刮切操作，便可以将树脂十分均匀地涂敷在下一叠层上，这样经过光照固化后可以得到较高的精度，并使最终打印产品的表面更加光滑和平整。

SLA 技术的特点是精度高、表面质量好、原材料利用率几乎达到惊人的 100%，能用于打印制作形状特别复杂、特别精细的零件，非常适合于小尺寸零部件的快速成型，但缺点是设备及打印原材料的价格都相对比较昂贵。

目前 SLA 技术主要集中用于制造模具、模型等，同时还可以在原料中通过加入其他成分，用于代替熔模精密铸造中的蜡模。虽然 SLA 技术打印速度较快、精度较高，特别是一些基于该技术的改进版本，例如 DLP（Digital Light Processing，数字光处理）等，但由于打印材料必须基于光敏树脂，而光敏树脂在固化过程中又会不可避免地产生收缩，导致产生应力或引起形变。因此，该技术当前推广的一大难点便是寻找一种收缩小、固化快、强度高的光敏材料。

2.1.2　工艺流程

光固化成型 SLA 技术的工艺过程一般可分为前处理、原型制作、清理和固化处理四个阶段。

① 前处理阶段主要内容是围绕打印模型的数据准备工作，具体包括对 CAD 设计模型进行数据转换、确定摆放方位、施加支撑和切片分层等步骤。

② 光固化成型过程即 SLA 设备打印的过程。在正式打印之前，SLA 设备一般都需要提前启动，使得光敏树脂原材料的温度达到预设的合理温度，并且启动紫外也需要一定的时间。

③ 清洗模型主要是擦掉多余的液态树脂，去除并修整原型的支撑，以及打磨逐层固化形成的台阶纹理。

④ 对于光固化成型的各种方法，普遍都需要进行后固化处理，例如通过紫外烘箱进行整体后固化处理等。

2.1.3 技术特点

光固化成型技术的优势在于成型速度快、原型精度高，非常适合制作精度要求高、结构复杂的小尺寸工件。在使用光固化技术的工业级 3D 打印机领域，比较著名的是 Object 公司。该公司为 SLA3D 打印机提供超过 100 种以上的感光材料，是目前支持材料最多的 3D 打印设备。同时，Object 系列打印机支持的最小层厚已达到 $16\mu m$（0.016mm），在所有 3D 打印技术中，SLA 打印成品具备最高的精度、最好的表面光洁度等优势。

但是光固化快速成型技术也有两个不足，首先是光敏树脂原料具有一定的毒性，操作人员在使用时必须具备防护措施。其次，光固化成型的成品在整体外观方面表现非常好，但是材料强度方面尚不能与真正的制成品相比，这在很大程度上限制了该技术的发展，使得其应用领域限制于原型设计验证方面，后续需要通过一系列处理工序才能将其转化为工业级产品。

此外，SLA 技术的设备成本、维护成本和材料成本都远远高于 FDM 等技术。因此，目前基于光固化技术的 3D 打印机主要应用于专业领域，桌面级应用尚处于启动阶段，包括 Form1 和 B9 项目，相信不久的将来会有更多低成本的 SLA 桌面 3D 打印机面世。

具体来讲，SLA 打印技术的优势主要有以下几个方面：

① SLA 技术出现时间早，经过多年的发展，技术成熟度高。

② 打印速度快，光敏反应过程便捷，产品生产周期短，并无需切削工具与模具。

③ 打印精度高，可打印结构外形复杂或传统技术难于制作的原型和模具。

④ 上位软件功能完善，可联机操作及远程控制，利于生产的自动化。

相比其他打印技术而言，SLA 技术的主要缺陷在于：

① SLA 设备普遍价格高昂，使用和维护成本很高。

② 需要对毒性液体进行精密操作，对工作环境要求苛刻。

③ 受材料所限，可使用的材料多为树脂类，使得打印成品的强度、刚度及耐热性能都非常有限，并且不利于长时间保存。

④ 核心技术被少数公司所垄断，技术和市场潜力未能全部被挖掘。

2.1.4 典型设备

美国 3D Systems 公司自 1988 年推出第一台商业设备 SLA25D 以来，光固化快速成型技术在世界范围内得到了迅速而广泛的应用。特别是在概念设计、单件精密铸造、产品模型以及直接面向产品的模具等诸多方面，被广泛应用于汽车、航空、电子、消费品、娱乐以及医疗等行业。

光固化成型技术接下来的发展趋势将是高速化、微型化与节能环保。随着加工精度的不断提高，SLA 技术最可能率先在生物、医药、微电子等领域大有作为。

图 2-2 是日本的 Unirapid 公司的 Unirapid3，图 2-3 则是采用该款 SLA 打印设备打印的物品。

图 2-2　采用 SLA 技术的 Unirapid3

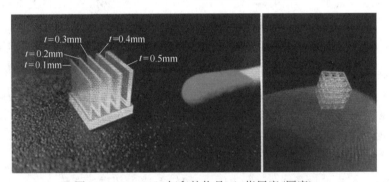

图 2-3　Unirapid3 打印的物品（t 指层度/厚度）

2.1.5 光固化立体成型技术

2.1.5.1 光固化立体成型的系统组成

通常的光固化立体成型系统由数控系统、控制软件、光学部分、树脂容器以及后固化装置等部分组成，如图 2-4 所示。

（1）数控系统及控制软件　数控系统和控制软件主要由数据处理计算机、控制计算机以及 CAD 接口软件和控制软件组成。数据处理计算机主要是对 CAD 模型进行离散化处理，使之变成适合于光固化立体成型的文件格式（STL 格式），然后对模型定向切片。控制计算机主要用于 X-Y 扫描系统、Z 向工作平台上下运动和重涂层系统的控制。CAD 接口软件内容包括对 CAD 数据模型的通信格式、接受 CAD 文件的曲面表示格式、设定过程参数等。控制软件包括对激光器光束反射镜扫描驱动器、X-Y 扫描系统、升降台和重涂层装置等的控制。

（2）光学系统

① 紫外激光器。用于造型的紫外光式激光器常有两种类型：一种是氦—镉（He-Cd）激光器，输出功率为 15～50mW，输出波长为 523nm；另一种为氩（Ar）激光器，输出功率为 100～500mW，输出波长为 351～365nm。激光束的光斑直径为 0.05～3mm，激光的位移精度可达 0.008mm。

② 激光束扫描装置。激光束扫描装置有两种形式：一种是电流计驱动的扫描镜方式，其最高扫描速度可达 15m/s，它适合于

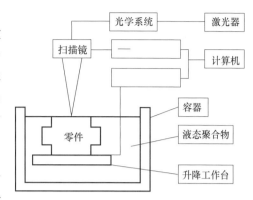

图 2-4　光固化立体成型工艺原理图

制造尺寸较小的高精度的原型件；另一种是 X-Y 绘图仪方式，激光束在整个扫描的过程中与树脂表面垂直，适合于制造大尺寸、高精度的原型件

（3）原树脂容器系统和重涂层系统

① 树脂容器。盛装液态树脂的容器由不锈钢制成，其尺寸大小决定了光固化立体成型系统所能制造原型或零件的最大尺寸。

② 升降工作台。由步进电机控制，最小步距可达 0.02mm，在全行程内的位置精度为 0.05mm。

③ 重涂层装置。重涂层装置主要是使液态光敏树脂能迅速、均匀地覆盖在已固化层表面，保持每一层片厚度的一致性，从而提高原型的制造精度。

（4）后固化装置　当所有的层都制作好后，原型的固化程度已达 95%，但原型的强度还很低，需要经过进一步固化处理，以达到所要求的性能指标。后固化装置用很强的紫外光源使原型充分固化。固化时间依据制件的几何形状、尺寸和树脂特性而定，大多数原型件的固化时间不小于 30min。

2.1.5.2　光固化快速成型的工艺过程

光固化快速成型的制作一般可以分为前期处理、光固化成型加工和后处理三个阶段。

1. 前期处理阶段

前期处理阶段主要是对原型的 CAD 模型进行数据转换、确定摆放方位、施加支撑和切片分层，实际上就是为原型的制作准备数据。

（1）CAD 三维造型　可以在 VG、Pro/E、Catia 等大型 CAD 软件上实现。

（2）数据转换　对产品 CAD 模型的近似处理，主要是生成 STL 格式文件。

（3）确定摆放方位　摆放方位的处理是十分重要的，不但影响着制作时间和效率，更影响着后续支撑的施加以及原型的表面质量等。因此，摆放方位的确定需要综合考虑上述各种因素。

（4）施加支撑　摆放方位确定后，便可以进行支撑的施加了。施加支撑是光固化快速原型制作前期处理阶段的重要工作。对于结构复杂的数据模型，支撑的施加是费时而精细的。支撑施加的好坏直接影响着原型制作的成功与否及制作的质量。支撑施加可以手工进行，也可以用软件自动实现。软件自动实现的支撑施加一般都要经过人工的核查，进行必要的修改和删减，以便在后续处理中对支撑的去除及获得优良的表面质量。

（5）切片分层处理　光固化快速成型工艺本身是基于分层制造原理进行成型加工的，这也是快速成型技术可以将 CAD 三维数据模型直接生产为原型实体的原因，所以，成型加工前，必须对三维模型进行切片分层。需要注意在进行切片处理之前，要选用 STL 文件格式确定分层方向也是极其重要的。SLT 模型截面与分层定向的平行面达到垂直状态，对产品的精度要求越高，所需要的平行面就越多。平行面的增多，会使分层的层数同时增多，这样成型制件的精度会随之增大。我们同时需要注意到，尽管层数的增大会提高制件的性能，但是产品的制作周期就会相应的增加，这样会增加相应的成本，降低生产效率，增加废品的产出率，因此我们要在试验的基础上，选择相对合理的分层层数，来达到最合理的工艺流程。

2. 光固化成型加工阶段

特定的成型机是进行光固化打印的基础设备。在成型前，需要先将成型机启动，并将光敏树脂加热到符合成型的温度，一般为 38℃。之后打开紫外光激光器，待设备运行稳定后，打开工控机，输入特定的数据信息，这个信息主要根据所需要的树脂模型的需求来确定。当进行最后数据处理的时候，我们就需要用到 RpData 软件。通过 RpData 软件来制订光固化成型的工艺参数，需要设定的主要工艺参数为：填充距离与方式、扫描间距、填充扫描速度、边缘轮廓扫描速度、支撑扫描速度、层间等待时间、跳跃速度、刮板涂铺控制速度及光斑补偿参数等。根据试验的要求，选择特定的工艺参数之后，计算机控制系统会在特定的物化反应下使光敏树脂材料有效固化。根据试验要求，固定工作台的角度与位置，使其处于材料液面以下特定的位置，根据零点位置调整扫描器，当一切参数按试验要求准备妥当后，固化试验即可开始。紫外光按照系统指令，照射指定薄层，便被照射的光敏材料迅速固化。当紫外线固化一层树脂材料之后，升降台会下降，使另一层光敏材料重复上述试验过程，如此不断重复，根据计算机软件设定的参数达到试验要求的固化材料厚度，最终获得实体原型。

3. 后处理阶段光

固化成型完成后，还需要对成型制件进行辅助处理工艺，即后处理。目的是为了获得一个表面质量与力学性能更优的零件。此处理阶段主要步骤为：①将成型件取下用酒精清洗；②去除支撑；③对于固化不完全的零件还需进行二次固化；④固化完成后进行抛光、打磨和表面处理等工作。

2.1.5.3　光固化立体成型技术研究现状

1. 国内研究现状

20 世纪 90 年代初期，我国开始大规模地研究快速成型技术，虽然起步较晚但已取得了丰硕的成果。机器设备方面，依据目前快速成型机的发展来看，其成型加工系统主要分为两类：①面向成型工业产品开发的较为高端的光固化快速成型机；②面向成型一些三维模型的较为低端的光固化快速成型机。西安交通大学也大力开展了对 SLA 技术的研究，有了丰硕的成果，不仅有 4S 系列和 CPS 系列的快速成型机成功问世，而且还开发出一种性能优越、低成本的光敏树脂。这些研究成果都将为后人的研究工作提供宝贵的经验，并为其照亮探索之路。上海联泰三维科技有限公司成立于 2000 年，是国内最早从事 3D 打印技术应用的企业之一，也推出多款 RS 系列的光固化快速成型机。

在成型所用材料种类的繁衍方面，由于该种先进制造技术在高速发展，并不断地被深入研究，用户对其制件的要求也在不断提高，进而对用于成型的材料也有了更高的要求，而现有的光固化树脂材料存在的问题也势必会一一得到解决，同时新的树脂材料体系也在不断地问世。一种新型的可见光引发剂由南京理工大学成功研发，它可以感 680nm 红光。湖北工业大学的吴幼军等人发现了一种固化效果较好的光固化体系，而此体系主要是针对 520nm 绿光激光器，而且同时还对树脂的成分进行了优化，从而使树脂的性能得到一定程度的改进。

数据处理技术的研究方面，热点主要体现在如何能够提高成型系统中数据处理的精度和速度，力求减少数据处理的计算量和由于 STL 文件格式转换过程中产生的数据缺失和模型轮廓数据的失真。陈绪兵、莫建华等人在《激光光固化快速成型用光敏树脂的研制》一书中提出了一种新的数据算法，即 CAD 模型的直接切片法。这种算法不但具有降低数据前处理时间的优点，同时还可以避免 STL 文件的检查与错误修复，大大减少了数据处理的计算量。而上海交通大学的周满元等人在《基于 STEP 的非均匀自适应分层方法》一书中提到了一种基于 STEP 标准的三维实体模型直接分层算法，而且这种算法正逐步被大家所接受。作为国际层面上的数据转换标准，它成功避免了 STL 格式的转换，而是直接对 CAD 模型进行分层处理，继而获取薄片的精确轮廓信息，极大地提高了成型精度，并具有通用性好的优点。

2. 国外研究现状

目前，国际上有许多公司都在研究光固化快速成型技术，其中研究成果较为突出的主要有光固化快速成型技术的开创者——美国的 3D-System、德国知名企业 EOS 公司、日本的 C-MET 公司和 D-MEC 公司等。3D-System 公司在对如何提高成型精度及使用激光诱发光敏树脂发生聚合反应的过程进行了深入的研究之后，相继推出了 SLA-500、SLA-5000 和 SLA-250HR 三种快速成型机机型，其中 SLA3500 和 SLA5000 使用半导体激励的固体激光器，扫描速率分别达到 2.54m/s 和 5m/s，成型层厚最小能够达到 0.05mm，1999 年又成功开发出 SLA-7000 机型，其扫描速度比之前机型提高了约 2 倍，可达到 9.53m/s，成型层厚约为之前机型的 1/2，最小厚度可达 0.025mm。此外，许多公司对开发专门用于检验设计、模拟制品视觉化和对成型制件精度要求低的概念机也十分关注。

寻找非常规能源，采用激光作为光源的固化快速成型机，而激光系统无论是价格还是维修维护费用都较为昂贵，大大提高了成型加工的成本。所以，研发出新的成本低廉的能源迫不及待。而日本的化药公司、DENKENENGINEERING 公司和 AUTOSTRADE 公司联合，率先研制出一种半导体激光器，以此作为快速成型机激光光源，可大大降低快速成型机的成本。

目前国际上，光固化快速成型技术主要应用于制作医疗模型、机械模具、家电和通信行业，还可以用于汽车车身的制造，通过光固化快速成型技术制作出精密的车身金属模具，浇铸出车身模型，之后进行碰撞与风洞试验，并取得了令人满意的效果。同样，也可用于汽车发动机进气管制造环节，通过试验，同样取得了理想的效果，大大降低了试验成本。

2.1.5.4 光固化立体成型的材料研究

1. 光固化树脂的研究现状

光固化树脂（预聚物）又称齐聚物，是含有不饱和官能团的低分子聚合物，多数为丙烯酸酯的低聚物。和常规的热固性材料一样，在光固化材料的各组分中，预聚物是光固化体系的主体，它的性能基本上决定了固化后材料的主要性能。一般来说，预聚物相对分子质量越大，固化时体积收缩越小，固化速度也越快，但相对分子质量大，需要更多的单体稀释。因此，聚合物的合成或选择是光固化配方设计时的重要一环。

目前，光固化所用的预聚物类型几乎包括了热固化用的所有预聚物类型。所不同的是，预聚物必须引入可以在光照射下能发生交联聚合的双键或环氧基团，如能发生自由基聚合的不饱和聚酯、聚酯丙烯酸酯、聚醚丙烯酸酯等，能发生自由基加成的聚硫醇—聚丙烯等，能发生阳离子聚合的环氧丙烯酸等。

光敏树脂种类繁多，性能也大相径庭，其中应用较多的有：环氧丙烯酸酯、聚氨酯丙烯酸酯、聚酯丙烯酸酯、丙烯酸树脂、不饱和聚酯树脂、多烯/硫醇体系、水性丙烯酸酯以及阳离子固化用预聚物体系等。现在工业化丙烯酸酯化的预聚物主要有四种类型，即丙烯酸酯化的环氧树脂、丙烯酸酯化的氨基甲酸酯、丙烯酸酯化的聚酯、丙烯酸酯化的聚丙烯酸酯，其中以环氧丙烯酸酯和聚氨酯丙烯酸酯两种为最主要。表 2-1 列出了常见的预聚物的结构和性能。

表 2-1 　　　　　　　　　　　常见预聚物的结构和性能

类　　　型	固化速率	抗张强度	柔性	强度	耐化学性
环氧丙烯酸酯	快	高	不好	高	极好
聚氨酯丙烯酸酯	快	可调	好	可调	好
聚酯丙烯酸酯	可调	中	可调	中	好
聚醚丙烯酸酯	可调	低	好	低	不好
丙烯酸树脂	快	低	好	低	不好
不饱和聚酯树脂	慢	高		高	不好

2. 光固化树脂的发展趋势

丙烯酸酯类单体仍是目前使用量最大的预聚物。由于环保立法对其的限制和对"绿色技术"的日益重视，目前研究的重点在于发展多种反应性、多官能团单体和改性丙烯酸酯类单体。Kuaffillan 等人研究了一系列具有支化结构、低玻璃化转变温度的聚酯型丙烯酸酶树脂，其相对分子质量高于普通低聚物，具有良好的热稳定性及耐紫外光性，并且膜的颜色较浅。马来酰亚胺衍生物在丙烯酸体系中具有单体和引发剂的双重功能，经光照后其分子激发至单层激发态，再由系间交叉至三重激发态，然后夺取助引发剂如醚、胺等上的活泼氢原子，生成两个自由基，这一过程已被证实。

20 世纪 80 年代末期，出现了以阳离子机理固化成膜的预聚物，即非丙烯酸酯预聚物，常用于阳离子光固化的预聚物是乙烯基醚化合物系列、环氧化合物系列。乙烯基醚类齐聚物可以用羟基乙烯基醚与相应树脂反应得到；环氧类齐聚物有环氧化双酚 A 树脂、环氧化硅氧烷树脂、环氧化聚丁二烯、环氧化天然橡胶等，其中最常使用的双酚 A 环氧树脂，其黏度较高，聚合速度慢，一般与低黏度聚合速度快的脂肪族环氧树脂配合使用。这类光活性预聚物不受 O_2 的阻聚作用，固化速度快，同时阳离子聚合过程中可以发生单离子链的终止反应及链转移。

随着研究的进一步深入，出现了水溶性预聚物，如聚乙二醇丙烯酸酯、聚氨酯丙烯酸酯等。这类预聚物在固化前有较强的吸水性，而固化后又有较强的抗水性，已经报道了一些水性紫外光固化体系。今后，光固化的预聚物，一方面要进一步发展水溶性的，另一方面，要研制不含溶剂的粉末型光固化树脂。

2.1.5.5 基于 SLA 技术的 3D 打印机

1. 工业级的打印机

在 3D 打印的领域里，3DSystems 和 Stratsys，这两个名字不得不提，它们争斗了近 30 年，持续上演着双雄争霸，它们的故事演绎着一个行业的发展轨迹。

3DSystems 公司的技术优势和特色有：SLA（光固化立体成型）的始祖，全彩 3DP 打印。产品线涵盖个人级 3D 打印机、生产级 3D 打印机、专业级 3D 打印机。

世界上第一台 3D 打印机采用的是 SLA 工艺，这项技术由 Charles W. Hull 发明，他由此于 1986 年创办了 3DSystems 公司，致力于将该技术商业化。为了让机器更加准确地将 CAD 模型打印出实物，Charles 又研发了著名的 STL 文件格式。STL 格式将 CAD 模型进行三角化处理，用许多杂乱无序的三角形小平面来表示三维物体，如今已是 CAD/CAM 系统接口文件格式的工业标准之一。

不过光固化立体成型技术也有自己的缺陷。它采用紫外光对物体进行固化，这项技术所采用的材料有一定的局限，而且无论机子本身还是光固化材料都价格昂贵。这使得基于该技术的快速成型与 3D 打印技术的普及速度都受到了限制。

与此同时，20 世纪 80 年代中期，身为传感器制造商 IDEA 的联合创始人和销售副总裁的 Scott Crump 决定设计一个能快速生产模型的机器。与光固化立体成型不同，它的材料是热塑性塑料。这一技术被 Scott Crump 称为熔融沉积成型（FDM），这一技术的出现对 3DSysterm 公司造成一定的冲击。他于 1989 年创立了 3D 打印机的制造商 Stratasys 公司，担任 CEO 至今。

1988 年，3DSystems 公司推出了第一台基于光固化立体成型的 3D 打印机。尽管体积庞大、价格昂贵，但它的问世标志着 3D 打印商业化开始起步。与此同时，Stratasys 公司也在 Scott Crump 的带领下快速成长，于 1992 年推出了第一台熔融沉积成型的 3D 打印机。该公司于 1994 年上市，先后推出了面向不同行业的 3D 打印机。

2. 桌面级打印机

当下的 3D 打印机业界可以清晰地分为两类公司：一类是过去 30 年左右成立的，以生产价格在数万到数十万之间工业级 3D 打印机为主的公司，另一类是从 2009 年开始崛起的桌面级 3D 打印机公司，生产设备通常在几千美元左右，当然大多数工业级打印机生产公司也已经涉入桌面领域，推出多款桌面级打印机。

一般来说，桌面级打印机的精度都不太高，以颇受欢迎的桌面级 3D 打印机 MakerBot Replicator2 为例，精度仅为 0.1mm。为了突破这一限制，2011 年麻省理工学院成立了 Formlabs 公司，该公司推出了 Form1 打印机，其最高分辨率可以达到 0.025mm，意味着它已经达到了工业级别的精度。在 Form1 基础上改进的 Form1 3D 打印机集出色的设计、性能和可操作性于一体，带来了专业品质的 3D 打印，他们致力于向世界各地富有创意的设计师、工程师和艺术家提供先进和创新的生产工具。

领先的 3D 打印机制造商 EnvisionTEC 近日推出了最新的 3Dent™ SCP 3D 打印机，专门用来打印牙齿模型，采用的也是光固化立体成型技术。EnvisionTEC 公司于 2002 年成立于德国马尔，在董事会主席 Siblani 的带领下，EnvisionTEC 公司已经成长为快速成型和快速制造设备的世界性领导企业。

EnvisionTEC 公司拥有一个由光学、机械和电气工程方面专家组成的技术团队，他们成功开发了基于选择性光学控制成型这一核心技术的 DLP 快速成型系统，这是当今世界最可靠、最受欢迎的快速成型系统。该系统使得 EnvisionTEC 的 Perfactory® 系列设备在全世界助听器定制领域成功占有 60％以上的装机量，以及珠宝首饰市场 50％以上的装机量。

EnvisionTEC 公司在特定领域提供完整的解决方案。在助听器定制领域，与 3Shape 公司的技术成功整合；在牙科和珠宝首饰领域，与 DentalWings 的软件无缝衔接；还在 Perfactory® 系列设备的软件套装内配备了 Materialise 公司的 Magics 软件，给客户提供了 STL 文件修复与操控的最佳体验。

2.2　叠层堆积成型 LOM

叠层堆积成型
LOM 技术

层叠法成型技术又叫分层实体制造法（Laminated Object Manufacturing，LOM），最初由美国 Helisys 公司的工程师 Michael Feygin 于 1986 年研制成功。后来由于技术合作被引进中国，目前，南京紫金主德电子有限公司成为全球唯一拥有该技术核心专利的公司。分层实体制造法也成为众多快速成型技术中唯一由中国企业掌握的关键技术，基于该技术的商业 3D 打印机也于 2010 年成功推出。

2.2.1　技术概述

叠层实体制造（Laminated Object Manufacturing，LOM）技术是几种最成熟的快速成型制造技术之一。这种制造方法和设备自 1991 年问世以来，得到迅速发展。这项技术多使用纸材，具有成本低廉、制件速度快、精度高且外观优美等优点，因此在产品概念设计、造型设计和制造母模等方面应用较广，相比其他几种快速原型制造方法，受到的关注更多。

LOM 技术的基本原理较为简单，因此加强在工艺因素、过程控制和拓展其原型应用领域的研究对推动该技术的发展十分重要。叠层实体制造技术的制造过程涉及计算机造型、激光应用、精密机械传动和控制、材料学技术等。

2.2.2　技术原理

层叠法成型技术是当前世界范围内几种最成熟的快速成型制造技术之一，主要以片材（如纸片、塑料薄膜或复合材料）作为原材料。由于多使用纸张作为原材料，使得整个制造成本非常低廉，并且制件精度很高。同时，一些改进型的 LOM3D 打印机能够打印出媲美二维印刷的色彩，因此受到了各界非常广泛的关注，特别是在产品概念设计可视化、造型设计评估、装配检验、快速制模以及直接制模等方面得到了大量应用。

其成形原理大致如图 2-5 所示，首先，激光及定位部件根据预先切片得到的横断面轮廓数据，将背面涂有热熔胶并经过特殊处理的片材进行切割，得到和横断面数据一样的内外轮廓，这样便完成了一个层面的切割。接着供料和收料部件将旧料移除，并叠加上一层新的片材。然后利用热黏压装置将背部涂有热熔胶的片材进行碾压，使新层同已有部件粘合，之后再次重复进行切割。通过这样逐层地粘合、切割，最终制成需要的三维工件。目前，可供

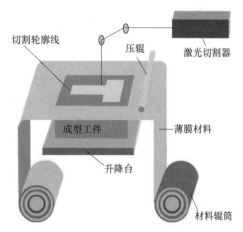

切割轮廓线　　压辊　　激光切割器
成型工件　　薄膜材料
升降台　　材料辊筒

图 2-5　LOM 打印机技术原理

LOM 设备打印的材料包括纸、金属箔、塑料膜、陶瓷膜等，而用途上除了可以制造模具、模型外，也可以直接制造一些结构件或功能件。

根据上面的简单描述，我们可以知道 LOM3D 打印机同其他设备一样，需要先使用切片软件对三维数字模型进行切片计算，以获得模型的各个截面轮廓数据。然后才能根据切面轮廓数据，在上位软件的控制下，发出指令控制激光切割系统，使切割头沿 X 轴和 Y 轴方向移动。同时，供料部件将背面涂有热溶胶的片材（如涂覆纸、涂覆陶瓷箔、金属箔、塑料结材）一段一段地传送至工作台的上方，激光切割系统再采用二氧化碳激光束将工作台上的原材料切割出工件轮廓线同样的形状。对于废料的处理，一些设备会先将片材无轮廓区域的部分先切割成小碎片，再通过回收装置进行移除或最后统一去除。

由于热压机构将一层层纸压紧并粘合在一起，使得打印过程中各层之间便已形成黏结，因此不需要考虑添加支撑部件，升降工作台可以直接支撑正在成型的工件，只需在每层打印完成后，下降一个层的高度即可。

采用 LOM 工艺制作的大中型原型件，具备翘曲变形较小、尺寸精度较高、成型时间较短等特点，同时用于切割的激光器使用寿命更长，打印完成的成品可以保存良好的机械性能。这种特征使得 LOM 设备非常适合于产品设计的概念建模和功能性测试零件。另外，由于制成的零件具有木质属性，因而还特别适合于直接制作砂型铸造模。

2.2.3　工艺过程

在层叠法成型工艺的实际使用中，设备基本都会将单面涂有热溶胶的片材通过热辊来完成加热操作。完成加热后热溶胶在加热状态下产生黏性，使得由纸、陶瓷箔、金属箔等构成的材料得以黏结起来。接着，操作台上方的激光器按照 CAD 模型分层数据，用激光束将片材切割成所制零件的内外轮廓。然后再铺上新的一层片材，通过热压装置将其与下面已切割层黏合在一起，激光束再次进行切割。然后不断重复这个过程，直至整个零部件打印完成。

图 2-6　采用 LOM 工艺打印的纸质物品

通过这些，我们不难发现，LOM 工艺其实还是具有传统切削工艺的影子。但只不过它不是用大块原材料进行整体切削，而是将原来的零部件模型分割为多层，然后进行逐层切削。北京太尔时代早期研发的 3D 打印机也是采用了 LOM 工艺，但因为采用纸作为原料，如图 2-6，使用激光切割时存在点燃的风险，且应用前景有限，所以太尔时代后来才转为主要研发 FDM 工艺的 3D 打印机。

LOM 设备打印的具体工艺过程包括以下步骤：①通过进料辊完成填料操作，将片材引导进入工作台面上；②热压辊同时进行加热，将片材进行加热融化处理，使其同上一层成型材料完成黏结操作；③通过激光或刀具按切片形成的轮廓作为路径进行切割处理；④打印平台下沉一个层厚的高度，然后通过出料辊和进料辊同时完成残余材料的移出，以及新材料的移入操作，之后重复整个打印过程，直至完成整个物体的打印工作；⑤将成型件从打印平台上移除，然后进行打磨、密封等后处理。

需要特别注意的是，尽管 LOM 工艺支持多种材料，但多是使用纸张作为其原材料，因此，在打印完成后都需要使用砂纸进行磨光，并用密封漆来进行防潮等处理。如果不进行密封防潮处理，则打印品将特别容易受到水分渗透影响，进而导致打印物品使用寿命显著降低。

2.2.4　技术特点

目前，该打印技术能成熟使用的打印材料相比 FDM 设备而言要少很多，最为成熟和常用的还是涂有热敏胶的纤维纸。由于原材料的限制，导致打印出的最终产品在性能上仅相当于高级木材，一定程度上限制了该技术的推广和应用。虽然该技术同时具备工作可靠、模型支撑性好、成本低、效率高等优点，但缺点是打印前准备和后处理都比较麻烦，并且不能打印带有中空结构的模型。因此，在具体使用中多用于快速制造新产品样件、模型或铸造用木模。概括来说，LOM 打印技术的优点主要有以下几个方面。

① 成型速度较快。由于 LOM 本质上并不属于增材制造，无需打印整个切面，只需要使用激光束将物体轮廓切割出来所以成型速度很快，因而常用于加工内部结构简单的大型零部件。

② 模型精度很高，并可以进行彩色打印，同时打印过程造成的翘曲变形非常小。

③ 原型能承受高达 200℃的温度，有较高的硬度和较好的力学性能。

④ 无需设计和制作支撑结构，并可直接进行切削加工。

⑤ 原材料价格便直，原型制作成本低，可用于制作大尺寸的零部件。

LOM 技术的缺点也非常显著，主要包括以下几个方面。

① 受原材料限制，成型件的抗拉强度和弹性都不够好。

② 打印过程有激光损耗，并需要专门实验室环境，维护费用高昂。

③ 打印完成后不能直接使用，必须手工去除废料，因此也不宜构建内部结构复杂的零部件。

④ 后处理工艺复杂，原型易吸水膨胀，需进行防潮等处理流程。

⑤ Z 轴精度受材质和胶水层厚决定，实际打印成品普遍有台阶纹理，难以直接构建形状精细、多曲面的零件，因此打印后还需进行表面打磨等处理。

另外，需要再次强调的是，纸材最显著的缺点是对湿度极其敏感，LOM 原型吸湿后工件 Z 轴方向容易产生膨胀，严重时叠层之间会脱落。为避免因吸湿明显而造成的影响，需要在原型剥离后的短期内迅速进行密封处理。经过密封处理后的工件则可以表现出良好的性能，包括强度和抗热抗湿性。

2.2.5 典型设备

目前，采用 FDM 熔融挤压技术研发的 3D 打印机多为低端产品，主要面向家庭桌面级应用，国内也有大量的厂商正在研发，并推出了许多不错的产品。而对于一些高端产品所采用的 3DP、SLS 和 SLA 等技术，其核心专利和关键工艺又多为德国、美国所掌握和控制。

虽然南京紫金立德的 LOM 技术也是从以色列引进，但目前已经成为了全球性的专利技术，具备全球范围的垄断性权利。根据其发布的各项信息来看，采用这一技术的设备不但可以打印各种模型，还能打印出一些无法使用机床加工的零部件。凭借这一点，使该公司在一定程度上跻身于世界 3D 打印机技术的前列，产品也销往欧美等 30 多个国家和地区。但也正是由于该技术由一家公司完全掌握，以及该技术本身的缺陷，致使采用该技术的产品非常少，应用的行业也比较窄。

目前商业化生产的产品中，最新型的为 SD3DDPro 系列，如图 2-7 所示。

2.2.6 常见叠层实体快速成型的材料与设备

2.2.6.1 常见叠层实体快速成型材料

叠层实体快速成型工艺中的成型材料涉及三个方面，即薄层材料、黏结剂和涂布工艺。薄层材料可分为纸、塑料薄膜、金属箔等。目前的叠层实体成型材料中的薄层材料多为纸材，而黏结剂一般为热熔胶。纸材料的选取、热熔胶的配置及涂布工艺均要从最终成型零件的质量及成本出发，下面就纸的性能、热熔胶的要求及涂布工艺进行简要的介绍。

图 2-7　南京紫金立德的 SD3DDPro 系列 LOM 打印机

（1）纸的性能　在纸材料的选取时需要考虑多个方面的因素，如图 2-8 所示。

（2）热熔胶的要求　在选取热熔胶时同样需要考虑多个方面，一般从颜色，被接着物

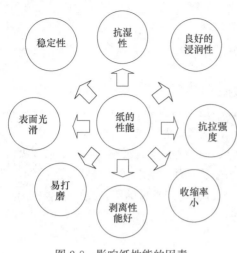

图 2-8 影响纸性能的因素

表面处理，作业时间，抗温，黏性这五个方面来考虑。

（3）涂布工艺 涂布工艺包括涂布形状和涂布厚度两个方面。涂布形状是指采用均匀式涂布还是非均匀式涂布，而非均匀式涂布有多种形状。均匀式涂布采用狭缝式刮板进行涂布；非均匀式涂布则采用条纹式和颗粒式，这种方式可以减小应力集中，但设备比较贵。涂布厚度是指在纸材上涂多厚的胶，在保证可靠黏结的情况下，尽可能涂的薄，减少变形、溢胶、错移是选择涂布厚度的原则。表 2-2 和表 2-3 分别是新加坡 KIN-ERGY 公司及美国 Cubic Technologies 公司的纸材物性指标。

表 2-2　　　　　　　　　　　　热熔胶的要求

良好的热熔冷固性(70～100℃开始融化,室温下固化)	在反复"熔融-固体"条件下,具有较好的物理化学稳定性
熔融状态下与纸具有较好的涂挂性和涂匀性	与纸具有足够的粘结强度,良好的废料分离性能

表 2-3　　　　　　　　　　新加坡 KINERGY 公司的纸材物性指标

型　号	K-01	K-02	K-03
宽度/mm	300～900	300～900	300～900
厚度/mm	0.12	0.11	0.09
粘结温度/℃	210	250	250
成型后的颜色	浅灰	浅黄	黑
成型过程翘曲变形	很小	稍大	小
成型件耐温性	好	好	很好(＞200℃)
成型件表面硬度	高	较高	很高
成型件表面光亮度	好	很好	好
成型件表面抛光度	好	好	很好
成型件弹性	一般	好	一般
废料剥离性	好	好	好
价格	较低	较低	较高

2.2.6.2　常见叠层实体快速成型设备

目前研究叠层实体快速成型（LOM）设备和工艺的单位有美国的 Helisy 公司、日本的 Kira 公司、Sparx 公司，以色列的 Solidimension，新加坡的 Kinergy 公司以及国内的华中科技大学和清华大学（典型设备如图 2-9～图 2-12 所示）。

图 2-9　Helisys 公司的 LOM-2030 机型

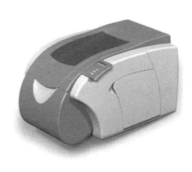

图 2-10　Solidimension 公司开发的
SD300 叠层打印机

图 2-11　SD300 叠层打印机耗材

图 2-12　HRP 系列薄材叠层快速成型机

2.2.7　提高叠层实体快速成型制作质量的措施

2.2.7.1　叠层实体原型制作误差分析

在叠层实体原型制作的过程中，会有以下误差：

（1）CAD 模型 STL 文件输出造成的误差。

（2）切片软件 STL 文件输入设置造成的误差。

（3）成型过程误差　不一致的约束、成型功率控制不当、切碎网格尺寸、工艺参数不稳定。

（4）设备精度误差　激光头的运动定位精度、Y 轴与导轨垂直度，Z 轴与工作台面垂直度。

（5）成型之后环境变化引起的误差　热变形、湿变形。

2.2.7.2　提高叠层实体原型制作精度的措施

一般会采用以下方法来提高叠层实体原型的制作精度：

（1）根据零件形状的复杂程度来进行 STL 转换，在保证成型件形状完整平滑的前提下，尽量避免过高的精度。

（2）将 STL 文件输出精度的取值与对应的原型制作设备上切片软件的精度相匹配。

（3）将精度要求较高的轮廓（例如，有较高配合精度要求的圆柱、圆孔），尽可能放置在 X-Y 平面，避免模型的成型方向对工件品质（尺寸精度、表面粗糙度、强度等）、材料成本和制作时间产生影响。

（4）在保证易剥离废料、提高成型效率的前提下，根据不同的零件形状尽可能减小网格线长度。

（5）采用新的材料和新的涂胶方法并改进后处理方法来控制制件的热湿变形。

2.2.7.3 原型的吸湿性及涂漆防湿效果试验

表 2-4　　　　　　　　　　叠成块的湿变形引起的尺寸和重量变化

处 理 方 式	叠层块初始尺寸/mm×mm×mm	叠层块初始重量/g	置入水中后的尺寸/mm×mm×mm	叠层方向增长高度/mm	置入水中的重量/g	吸收水分的重量/g
未经过处理的叠层块	65×65×110	436	67×67×155	45	590	164
刷一层漆的叠层块	65×65×110	436	65×65×113	3	440	4
刷两层漆的叠层块	65×65×110	438	65×65×110	0	440	2

从表 2-4 可以看出，未经任何处理的叠层块对水分十分敏感，在水中浸泡 10min，叠层方向便长高 45mm，增长 41%，而且水平方向的尺寸也略有增长，吸入水分的重量达 164g，说明未经处理的 LOM 原型无法在水中使用，或者在潮湿环境中不宜存放太久。为此，将叠层块涂上薄层油漆进行防湿处理，在相同浸水时间内，涂一层漆后的叠层块叠层方向仅增长 3mm，吸水重量仅为 4g；当涂刷两层漆后，原型尺寸已得到稳定控制，防湿效果十分理想。

2.2.8　叠层实体制造工艺后置处理中的表面涂覆

2.2.8.1　表面涂覆的必要性

为了提高原型的性能，有利于表面打磨，LOM 原型在经过余料去除后需要进行表面涂覆处理。表面涂覆可使原型更好的用于装配和功能检验，如图 2-13 所示。

图 2-13　表面涂覆的好处

2.2.8.2　表面涂覆的工艺过程

（1）将剥离后的原型表面用砂纸轻轻打磨，如图 2-14 所示。

（2）将规定比例配备的涂覆材料（如双组分环氧树脂：100 份 TCC-630 配 20 份 TCC-115N 硬化剂）混合均匀。

（3）因材料的黏度较低，在原型上涂刷一薄层混合后的材料会很容易浸入纸基的原型中，深度可达到 1.2～1.5mm，如图 2-15 所示。

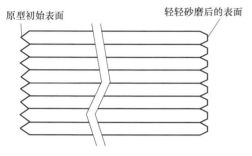

图 2-14　原始初始表面与轻轻砂磨后的表面对比

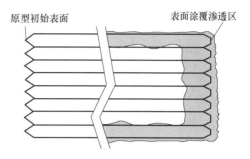

图 2-15　原始初始表面与表面涂覆渗透区对比

（4）再次涂覆步骤（2）中配制的涂覆材料以填充表面的沟痕并等待固化。

（5）用砂纸打磨表面已经涂覆了坚硬的环氧树脂材料的原型，打磨之前和打磨过程中应注意测量原型的尺寸，以确保原型尺寸在要求的公差范围之内。

（6）对抛光后达到无划痕表面质量的原型表面进行透明涂层的喷涂，以增加表面的外观效果，如图 2-16 所示。

将通过上述表面涂覆处理的强度和耐热防湿性能得到显著提高的原型浸入水中，进行尺寸稳定性的检测，可得如图 2-17 所示的实验结果。

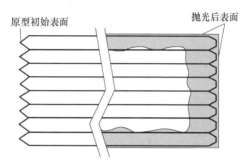

图 2-16　原始初始表面与抛光后表面对比

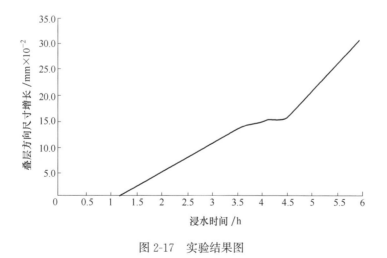

图 2-17　实验结果图

2.2.9　新型叠层实体快速成型工艺方法

传统的叠层实体快速成型工艺后处理时余料去除的工作量是比较繁重和费时的，尤其是对于内孔结构和内部型腔结构，其余料的去除极其困难，有时甚至难以实现。

2.2.9.1　Offset Fabrication 叠层实体快速成型工艺方法

（1）Offset Fabrication 快速成型工艺方法原理　Ennex 公司提出了一种使用上层是制作原型的叠层材料、下层是衬材的双层结构薄层材料，如图 2-18（a）所示，在叠层之前进行轮廓切割，并将叠层材料层按照当前叠层的轮廓进行切割和黏结堆积后使衬层材料与叠层材料分离。带走当前叠层余料的新型叠层实体快速成型工艺方法，如图 2-18（b）所示，称为"Offset Fabrication"方法。

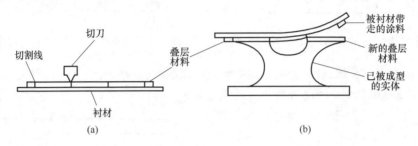

图 2-18　Offset Fabrication 叠层实体快速成型工艺方法原理
（a）切割　（b）堆积

（2）Offset Fabrication 叠层实体快速成型工艺方法的缺陷　在当前叠层的去除面积大于保留的叠层面积时，余料经常会滞留在当前叠层上。例如，如图 2-19（a）所示的灰色叠层，在进行了图 2-19（b）的轮廓切割，按照图 2-19（c）黏结在一起。当衬层材料移开时，却未能像预期的如图 2-19（d）所示的情况带走余料，而是像如图 2-19（e）一样，所有的叠层材料全部黏结在前一叠层上了。

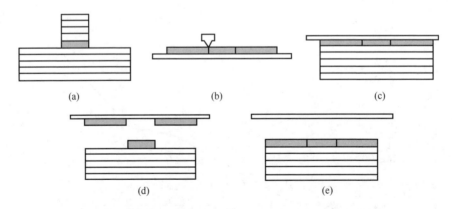

图 2-19　Offset Fabrication 叠层实体快速成型工艺方法存在的问题
（a）余料滞留　（b）轮廓切割　（c）叠层黏结　（d）余料残留　（e）叠层材料全部黏结

2.2.9.2　Inhaeng Cho 新型叠层实体快速成型法

针对"Offset Fabrication"方法存在的上述问题，Inhaeng Cho 提出了另外一种方法。这种方法仍采用双层薄材，只是衬层材料只起黏结作用，而叠层材料被切割两次。该方法建造过程的原理可分为如图 2-20 所示的几个步骤完成：

（1）首次切割内孔或内腔的内轮廓，如图 2-20（a）所示。

（2）送进双层薄材，使衬材和叠层材料分离，内孔或内腔余料黏结在衬层上，如图

2-20（b）所示。

（3）升高工作台，使已经切出内孔或内腔形状的叠层材料与之前制作的叠层接触，如图 2-20（c）所示。

（4）送进压辊，使新的叠层与原有的叠层实现黏结，如图 2-20（d）所示。

（5）对当前叠层的其余轮廓进行二次切割，如图 2-20（e）所示。

（6）下移工作台，当前叠层制作完毕，如图 2-20（f）所示。

反复进行上述过程，直至所有叠层制作完毕，就完成了原型的叠层制作过程。

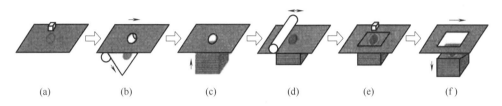

| (a) | (b) | (c) | (d) | (e) | (f) |

图 2-20　新工艺方法中叠层建造步骤

2.2.10　案例：蒸蛋机制作

2.2.10.1　前处理

（1）蒸蛋机 CAD 模型及 STL 文件　利用三维造型软件 UG 进行蒸蛋机的设计，如图 2-21 所示。

创建该蒸蛋机底座模型，可利用"旋转"工具创建底座身实体。然后利用"拉伸"、"布尔运算"、"拔模"、"曲面修剪"等基本命令做模型底座上的各特征。接着利用"抽壳"工具对模型进型处理。最后利用"倒角"、"布尔运算"等处理模型。

（2）建模步骤

① 新建一个 UG 零件文件，选择"文件"-"新建"-"模型板块"按钮，建立一个建模文件。

② 单击"插入"-"设计特征"-"回转"按钮，打开如图 2-22 所示界面。

图 2-21　蒸蛋机三维模型图

单击草图，选择 ZC-XC 平面作图，绘制如图 2-23 所示的草图平面。单击"应用"按钮完成旋转 360°的实体建模，如图 2-24 所示。

③ 绘制四个圆柱体。单击"插入"-"设计特征"-"拉伸"按钮，参数按如图 2-25 所示设置，单击草图，选择 XC-YC 平面作图，绘制如图 2-26 所示的草图平面。单击"应用"按钮完成四个圆柱体的拉伸。

④ 单击"插入"-"关联复制"-"抽取"按钮，参数按如图 2-27 所示设置，抽取面壳底面，如图 2-28 所示。

图 2-22　图形设置

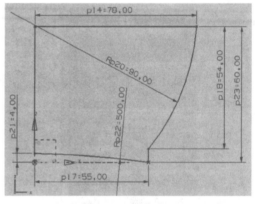

图 2-23　草图平面

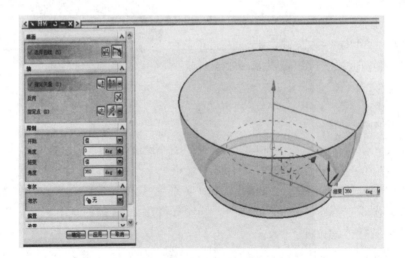

图 2-24　实体的生成

图 2-25 圆柱设置

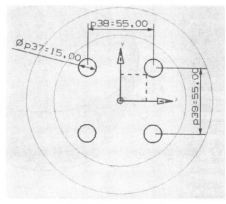

图 2-26 圆柱草图

图 2-27 抽壳设置

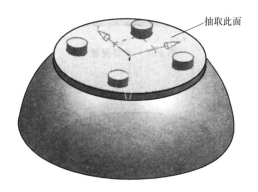

图 2-28 抽壳实体

⑤ 单击"编辑"-"移动对象"按钮，选择"运动"方式是"距离"，将抽取面壳底面向－Z 轴移动 5mm，按照如图 2-29 所示设置，效果如图 2-30 所示。

⑥ 修剪圆柱体顶部。单击"插入"-"修剪"-"修剪体"按钮，在"目标"下选择实体，在"刀具"下选择偏移的面，注意修剪方向，如图 2-31 所示，把四个圆柱体顶端进行修剪。效果如图 2-32 所示，修剪完后把偏移面隐藏，以免影响以后的作图。

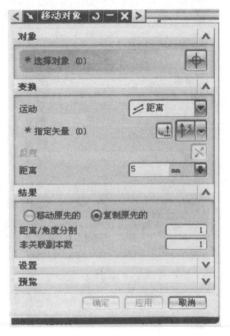

图 2-29 平移设置

图 2-30 平移后的实体

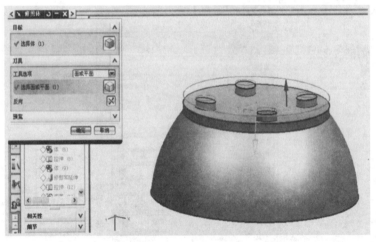

图 2-31 修剪设置

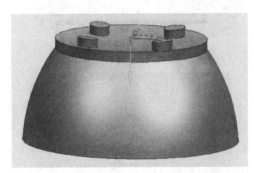

图 2-32 修剪后的实体

⑦ 绘制一个圆柱孔。单击"插入"-"设计特征"-"拉伸"按钮，参数按如图 2-33 所示设置，单击草图，选择 XC-YC 平面作图，绘制如图 2-34 所示的草图平面。单击"应用"按钮完成在实体中的一个圆柱孔的拉伸修剪，如图 2-35 所示。

⑧ 单击"编辑"-"移动对象"按钮，选择"运动"方式是"距离"，再将抽取面壳底面向 Z 轴移动 1.8mm，按照如图 2-36 所示设置。

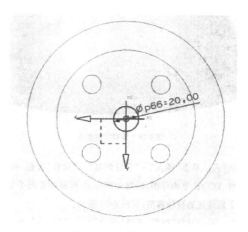

图 2-34 圆柱孔草图

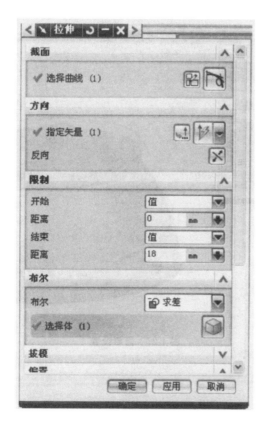

图 2-33 圆柱孔设置

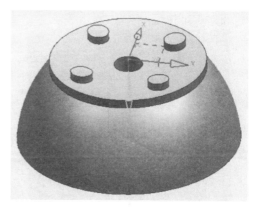

图 2-35 生成圆柱孔后的实物

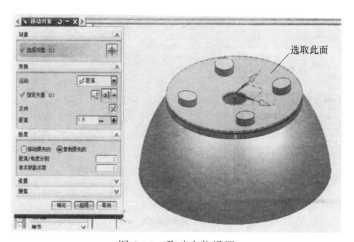

图 2-36 移动实物设置

⑨ 绘制台阶。单击"插入"-"设计特征"-"拉伸"按钮，选择 XC-YC 平面作图，绘制如图 2-37 所示的草图平面。参数按如图 2-38 所示设置，单击"应用"按钮完成台阶的拉伸剪切。

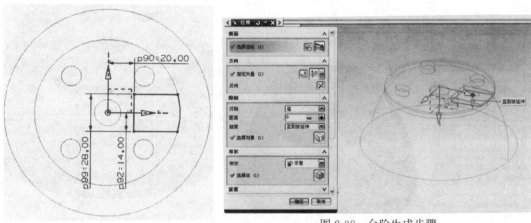

图 2-37　台阶草图　　　　　　图 2-38　台阶生成步骤

⑩ 抽取台阶底面。单击"插入"-"关联复制"-"抽取"按钮，参数按如图 2-39 所示设置，抽取台阶底面。

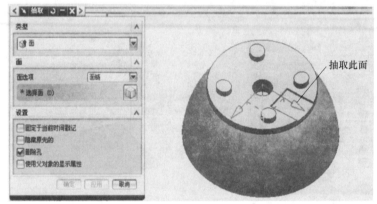

图 2-39　抽取台阶底面

⑪ 单击"编辑"-"移动对象"，选择"运动"方式为"距离"，将抽取台阶面向 Z 轴移动 5mm，按照如图 2-40 所示设置。

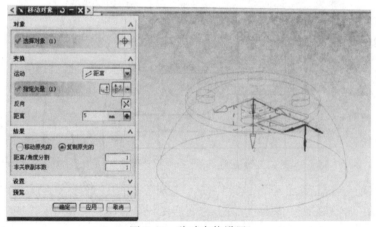

图 2-40　移动实物设置

⑫ 延长曲面 5mm。单击"曲面"-"修剪和延伸"按钮，延伸刚移动的曲面指定边 5mm，如图 2-41 所示。

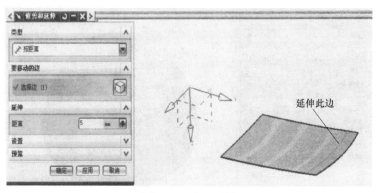

图 2-41　曲面延伸

⑬ 绘制第二个台阶。单击"插入"-"设计特征"-"拉伸"按钮，选择 XC-YC 平面作图，绘制如图 2-42 所示的草图平面。参数按如图 2-43 所示设置，单击"应用"按钮完成第二个台阶的拉伸剪切，如图 2-44 所示。

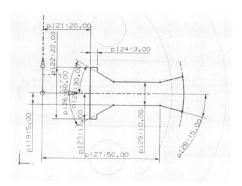

图 2-42　第二个台阶草图

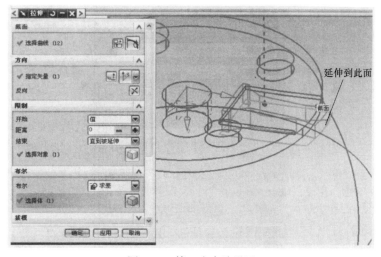

图 2-43　第二个台阶设置

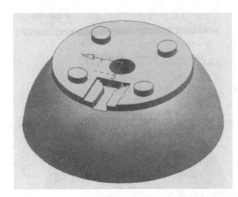

图 2-44　生成第二个台阶后的实物

⑭ 倒拔模斜度。单击菜单"特征操作"-"拔模"按钮，打开"拔模"对话栏，如图 2-45 所示设置参数。选择五条边向里拔斜度，如图 2-46 所示。单击"应用"按钮完成拔模。

⑮ 倒圆角。单击菜单"特征操作"-"倒圆角"按钮，打开"圆角"对话栏，分别选择七条边倒圆角，如图 2-47 所示。单击"应用"按钮完成倒圆角。

⑯ 实体抽壳。单击菜单"特征操作"-"壳单元"按钮，打开"壳单元"对话栏，选择实体顶面，参数按图 2-48 所示设置，单击"应用"按钮完成抽壳。效果如图 2-49 所示。

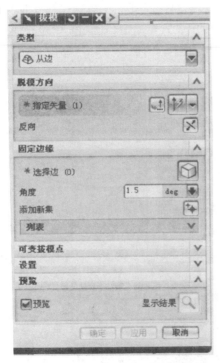

图 2-45　模斜度设置

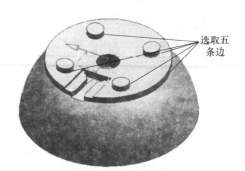

图 2-46　拔模边的选取

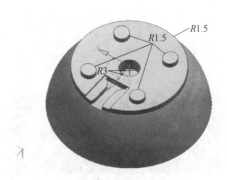

图 2-47　圆角的生成

⑰ 绘制散热孔。单击"插入"-"设计特征"-"拉伸"按钮，选择 XC-YC 平面作图，绘制如图 2-50 所示的草图平面。参数按图 2-51 所示设置，单击"应用"按钮完成散热孔的拉伸剪切。

⑱ 绘制穿线孔。单击"插入"-"设计特征"-"拉伸"按钮，选择 XC-YC 平面作图，绘制如图 2-52 所示的草图平面。

⑲ 绘制面盖孔。单击"插入"-"设计特征"-"拉伸"按钮，选择 ZC -YC 平面作图，绘制如图 2-53 所示的草图平面。参数按图 2-54 所示设置，单击"应用"完成面盖孔的拉伸

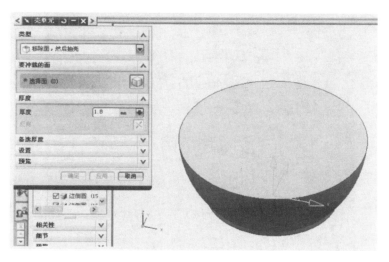

图 2-48　实体抽壳设置

图 2-49　抽壳后的实体

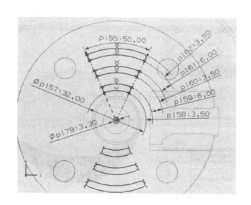

图 2-50　散热孔草图

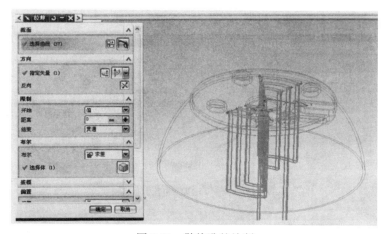

图 2-51　散热孔的绘制

剪切，效果如图 2-55 所示。

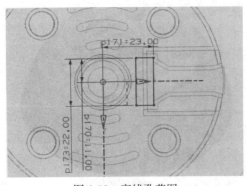

图 2-52　穿线孔草图

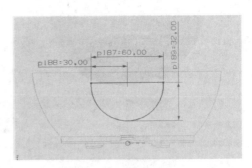

图 2-53　面盖孔草图

⑳ 设计完成，导出 STL 格式文件。

（3）三维模型的切片处理

将蒸蛋机的 STL 文件导入切层软件中进行切层处理。

① 根据零件创建新的机器平台，如图 2-56 所示。

② 平台创建完成后，导入从 UG 里导出的 STL 文件，如图 2-57 所示。

③ 导入零件的初始坐标是在原点，如图 2-58 所示，选择自动摆放零件来调整零件的相对位置，如图 2-59 所示，图 2-60 为摆放完成的零件。

④ 调整好零件位置，单击自动修复零件选项，弹出"存储模式"切换对话框，如图 2-61 所示。

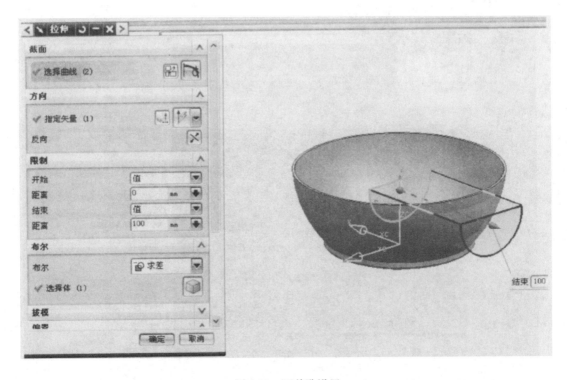

图 2-54　面盖孔设置

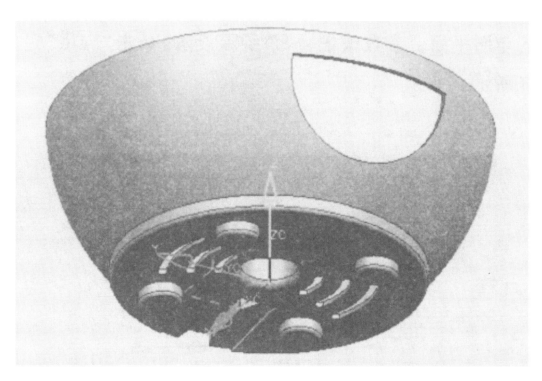

图 2-55 生成面盖孔后的实物

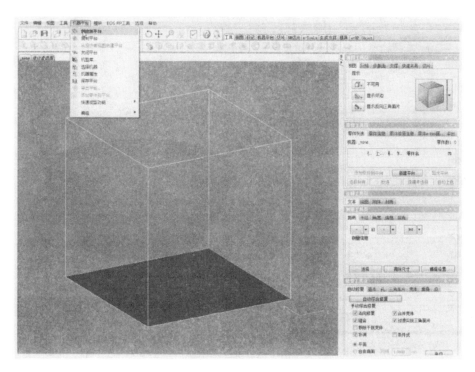

图 2-56 机器平台的创建

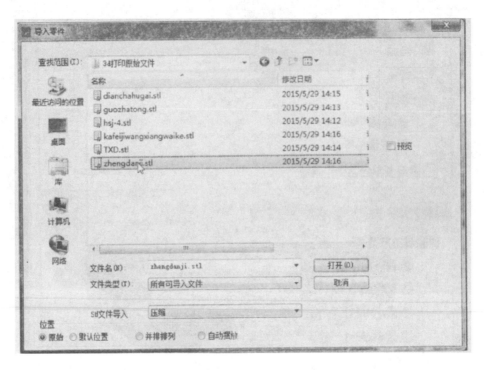

图 2-57　导入 STL 文件

图 2-58　零件初始位置

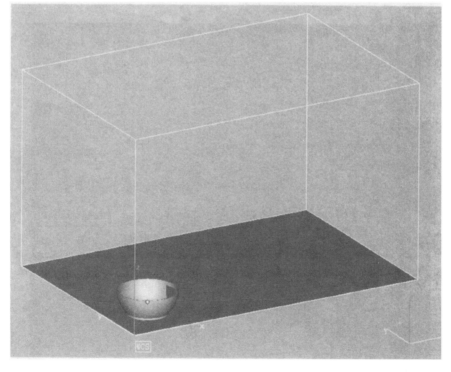

图 2-59　零件摆放设置

图 2-60　零件最终位置

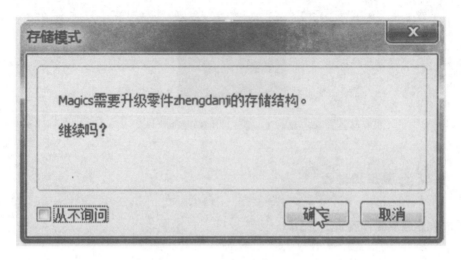

图 2-61 零件修复设置

⑤ 最后对零件进行切片处理，参数如图 2-62 所示。

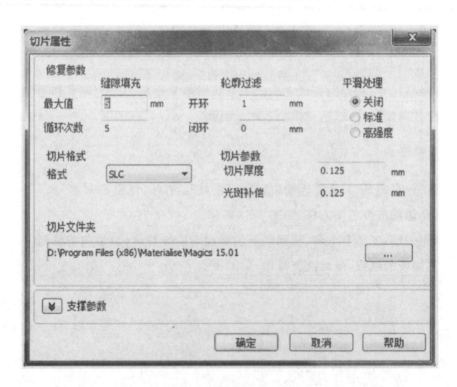

图 2-62 零件切片处理设置

⑥ 切片完成，得到对应的切片数据文件，如图 2-63 所示。

2.2.10.2 分叠层加过程

(1) 确定叠层实体制造工艺参数

① 激光切割速度 激光切割速度影响原型表面的质量和原型制作时间，通常是根据

激光器的型号规格进行选定。

② 加热辊温度与压力　加热辊温度和压力的设置应根据原型层面尺寸大小、纸张厚度及环境温度来确定。

③ 激光能量　激光能量的大小直接影响切割纸材的厚度和切割速度，通常激光切割速度与激光能量之间为抛物线关系。

④ 切碎网格尺寸　切碎网格尺寸的大小直接影响着余料去除的难易和原型表面质量，可以合理地变化网格尺寸，以达到提高效率的目的。

图 2-63　零件切片数据文件

（2）原型制作

① 将切层保存的 SLT 文件传输到打印机里，开始打印，如图 2-64 所示。

② 激光会切割出废料小方格，如图 2-65 所示。

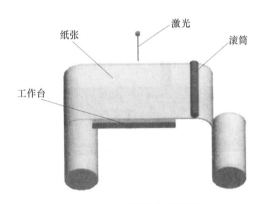

图 2-64　原型制作原理图

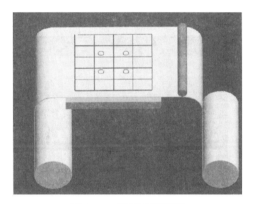

图 2-65　激光切割废料

③ 切割完一层，工作台下降，使刚切下的新层与料带分离，料带向前移动一段距离，滚筒滚压涂有热熔胶的纸张，继续激光打印，如图 2-66 所示。

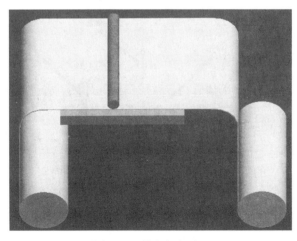

图 2-66　激光打印过程

（3）后处理

① 打印技术得到叠层块，如图 2-67 所示。

② 去除余料得到三维制件，如图 2-68 所示。

③ 对三维制件进行打磨、抛光，完成蒸蛋机的制作。

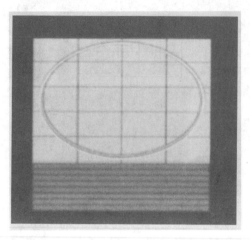

图 2-67　叠层块

图 2-68　三维制件

熔融堆积成型
FDM 技术

2.3　熔融堆积成型 FDM

熔融沉积成型（Fused Deposition Modeling，FDM），又称熔丝沉积，是一种快速成型技术。FDM 是将低熔点材料熔化后，通过由计算机数控的精细喷头按 CAD 分层截面数据进行二维填充，喷出的丝材经冷却、粘结、固化生成一薄层截面，层层叠加成三维实体。随着 FDM 技术专利的到期，网上开源的 FDM 以其低门槛、低价格迅速占领了 3D 打印的个人消费市场，而在国内工业级 FDM 的 3D 打印市场中，国外产品仍是主流。

2.3.1　机械结构

3D 打印挤出
机构成

FDM 系统主要包括喷头、送丝机构、运动机构、加热工作室、工作台 5 个部分，如图 2-69 所示。喷头是最复杂的部分，材料在喷头中被加热熔化，喷头底部有一喷嘴供熔融的材料以一定的压力挤出，喷头沿零件截面轮廓和填充轨迹运动时挤出材料，与前一层粘结并在空气中迅速固化，如此反复进行即可得到实体零件。它的工艺过程决定了它在制造悬臂件时需要添加支撑，这点与 SLS 完全不同。支撑可以用同一种材料建造，只需要一个喷头，现在一般都采用双喷头独立加热，一个用来喷模型材料制造零件，另一个用来喷支撑材料作支撑，两种材料的特性不同，制作完毕后去除支撑相当容易。

送丝机构为喷头输送原料，送丝要求平稳可靠。原料丝一般直径为 1～2mm，喷嘴直径只有 0.2～0.3mm 左右，这个差别保证了喷头内一定的压力和熔融后的原料能以一定的速度（必须与喷头扫描速度相匹配）被挤出成型。送丝机构和喷头采用推—拉相结合的方式，以保证送丝稳定可靠，避免断丝或积瘤。

运动机构包括 X、Y、Z 三个轴的运动，快速成型技术的原理是把任意复杂的三维零件转化为平面图形的堆积，因此不再要求机床进行三轴及三轴以上的联动，大大简化了机床的运动控制，只要能完成二轴联动就可以了。XY 轴的联动扫描完成 FDM 工艺喷头对截面轮廓的平面扫描，Z 轴则带动工作台实现高度方向的进给。

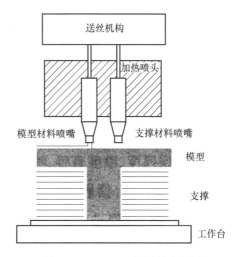

图 2-69　FDM 工艺原理示意图

加热工作室用来给成型过程提供一个恒温环境。熔融状态的丝挤出成型后如果骤然冷却，容易造成翘曲和开裂，适当的环境温度可最大限度地减小这种造型缺陷，提高成型质量和精度。工作台主要由台面和泡沫垫板组成，每完成一层成型，工作台便下降一层高度。

2.3.2　工艺参数控制

在使用 FDM 快速成型系统进行成型加工之前，必须考虑相关工艺参数的控制。它们是分层厚度、喷嘴直径、喷嘴温度、环境温度、挤出速度、填充速度、理想轮廓线的补偿量以及延迟时间。

分层厚度是指将三维数据模型进行切片时层与层之间的高度，也是 FDM 系统在堆积填充实体时每层的厚度。分层厚度较大时，原型表面会有明显的"台阶"，影响原型的表面质量和精度；分层厚度较小时，原型精度会较高，但需要加工的层数增多，成型时间也就较长。

喷嘴直径直接影响喷丝的粗细，一般喷丝越细，原型精度越高，但每层的加工路径会更密更长，成型时间也就越长。工艺过程中为了保证上下两层能够牢固地黏结，一般分层厚度需要小于喷嘴直径，例如喷嘴直径为 0.15mm，分层厚度取 0.1mm。

挤出速度是指喷丝在送丝机构的作用下，从喷嘴中挤出时的速度。填充速度则是指喷头在运动机构的作用下，按轮廓路径和填充路径运动时的速度。在保证运动机构运行平稳的前提下，填充速度越快，成型时间越短，效率越高。另外，为了保证连续平稳地出丝，需要将挤出速度和填充速度进行合理匹配，使得喷丝从喷嘴挤出时的体积等于黏结时的体积（此时还需要考虑材料的收缩率）。如果填充速度与挤出速度匹配后出丝太慢，则材料填充不足，出现断丝现象，难以成型；相反，填充速度与挤出速度匹配后出丝太快，熔丝堆积在喷头上，使成型面材料分布不均匀，表面会有疙瘩，影响造型质量。

喷嘴温度是指系统工作时将喷嘴加热到的一定温度。环境温度是指系统工作时原型周围环境的温度，通常是指工作室的温度。喷嘴温度应在一定的范围内选择，使挤出的丝呈黏弹性流体状态，即保持材料黏性系数在一个适用的范围内。环境温度则会影响成型零件的热应力大小，影响原型的表面质量。研究表明，对改性聚丙烯这种材料，喷嘴温度应控制在230℃。同时为了顺利成型，应该把工作室的温度设定为比挤出丝的熔点温度低 1~2℃。

FDM 成型过程中，由于喷丝具有一定的宽度，造成填充轮廓路径时的实际轮廓线超出理想轮廓线一些区域，因此，需要在生成轮廓路径时对理想轮廓线进行补偿。该补偿值称为理想轮廓线的补偿量，它应当是挤出丝宽度的一半。而工艺过程中挤出丝的形状、尺寸受到喷嘴孔直径、分层厚度、挤出速度、填充速度、喷嘴温度、成型室温度、材料黏性系数及材料收缩率等诸多因素的影响，因此，挤出丝的宽度并不是一个固定值，从而，理想轮廓线的补偿量需要根据实际情况进行设置调节，其补偿量设置正确与否，直接影响着原型制件尺寸精度和几何精度。

延迟时间包括出丝延迟时间和断丝延迟时间。当送丝机构开始送丝时，喷嘴不会立即出丝，而有一定的滞后，把这段滞后时间称为出丝延迟时间。同样当送丝机构停止送丝时，喷嘴也不会立即断丝，把这段滞后时间称为断丝延迟时间。在工艺过程中，需要合理地设置延迟时间参数，否则会出现拉丝太细、黏结不牢或未能动结，甚至断丝、缺丝的现象；或者出现堆丝、积瘤等现象，严重影响原型的质量和精度。

2.3.3 工艺特点

与其他工艺相比，FDM 工艺具有以下优势：

（1）不采用激光系统，使用和维护简单，从而把维护成本降到了最低水平。多用于概念设计的 FDM 成型机对原型精度和物理化学特性要求不高，便宜的价格是其推广开来的决定性因素。

（2）成型材料广泛，热塑性材料均可应用。一般采用低熔点丝状材料，大多为高分子材料，如 ABS、PLA、PC、PPSF 以及尼龙丝和蜡丝等。ABS 原型强度可以达到注塑零件的三分之一；PC、PC/ABS、PPSF 等材料，强度已经接近或超过普通注塑零件，可在某些特定场合（试用、维修、暂时替换等）下直接使用。虽然直接金属零件成型的材料性能更好，但在塑料零件领域，FDM 工艺是一种非常适宜的快速制造方式。随着材料性能和工艺水平的进一步提高，会有更多的 FDM 原型在各种场合直接使用。

（3）环境友好，制件过程中无化学变化，也不会产生颗粒状粉尘。与其他使用粉末和液态材料的工艺相比，FDM 使用的塑料丝材更加清洁，易于更换、保存，不会在设备中或附近形成粉末或液体污染。

（4）设备体积小巧，易于搬运，适用于办公环境。

（5）原材料利用率高，且废旧材料可进行回收再加工，并实现循环使用。

（6）后处理简单。仅需要几分钟到一刻钟的时间剥离支撑后，原型即可使用。而现在应用较多的 SL、SLS、3DP 等工艺均存在清理残余液体和粉末的步骤，并且需要进行后固化处理，需要额外的辅助设备。这些额外的后处理工序一是容易造成粉末或液体污染，二是增加了几个小时的时间，不能在成型完成后立刻使用。

（7）成型速度较快。一般来讲，FDM 工艺相对于 SL、SLS、3DP 工艺来说，速度是比较慢的，但是也有一定的优势，当对原型强度要求不高时，可通过减小原型密实程度的方法提高 FDM 成型速度。通过试验，具有某些结构特点的模型，最高成型速度已经可以达到 $60\text{cm}^3/\text{h}$。通过软件优化及技术进步，预计可以达到 $200\text{cm}^3/\text{h}$ 的高速度。

同样，其缺点也是显而易见的，主要有以下几点：

（1）由于喷头的运动是机械运动，速度有一定限制，所以成型时间较长。

（2）与光固化成型工艺以及三维打印工艺相比，成型精度较低，表面有明显的台阶效应。

（3）成型过程中需要加支撑结构，支撑结构手动剥除困难，同时影响制件表面质量。

2.3.4　产品发展及技术研究现状

FDM 工艺由美国学者 Scott Crump 博士于 1988 年率先研制成功。现今 FDM 产品制造系统应用最为广泛的主要是 Stratasys 公司，Stratasys 公司于 1993 年开发出第一台 FDM1650 机型后，先后推出了 FDM-2000、FDM-3000 和 FDM-5000 机型。

最引人注目的是 1998 年 Stratasys 公司推出的 FDM - Quantum 机型，最大造型体积为 600mm×500mm×600mm。由于采用了挤出头磁浮定系统，可在同一时间独立控制两个挤出头，因此其造型速度为过去的 5 倍。

1999 年 Stratasys 公司开发出水溶性支撑材料，有效地解决了复杂、小型孔洞中的支撑材料难以去除或无法去除的难题，并在 FDM-3000 中得到应用，另外从 FDM-2000 开始的快速成型机上，采用了两个喷头，其中一个喷头用于涂覆成型材料，另一个喷头用于涂覆支撑材料，加快了造型速度。

目前 Stratasys 公司的主要产品有：适合办公室使用的 FDM-Vantage 系列产品以及在此基础上开发的可成型材料更多的 FDM-Titan 系列产品，另外还有成型空间更大且成型速度更快的 FDM-Maxum 系列产品，适合成型小零件的紧凑型 prodigyplus 成型机。

Stratasys 公司 1998 年与 MedMedeler 公司合作开发了专用于一些医院和医学研究单位的 MedMedeler 机型，并于 1999 年推出可使用聚脂热塑性塑料的 Genisys 型改进机型 GenisysXs。

该公司自 2002 年起设备的销售台数超过了美国 3D Systems 公司，成为世界上最大的 RP（Replicating rapid prototyper）设备销售商，目前 Stratasys 公司每年销售的 RP 设备占到全球销售总量的一半左右。

随着 FDM 技术专利到期和 FDM 技术的开源，该技术在我国得到迅速发展。国内从事 FDM 设备生产的厂家有近百家，大多厂家都是小型企业，生产桌面型 3D 打印机（图 2-70）。最大的公司属北京太尔时代公司，每年生产的桌面 3D 打印机产量超过数万台。

2013 年 11 月 28 日，中国科学院重庆研究院发布消息称，该院已成功研发出国内首台 3D 打印并联机器人，并实现了 FDM 的 3D 打印。"这台 3D 打印并

图 2-70　桌面 3D 打印机

联机器人主要由并联机构、3D打印头、温控设备和软件系统组成。其中，并联机构包括机械手臂、电机、减速器等部件。"该院机器人技术研究中心副主任郑彬说，3D打印头安装在机械手臂的前端，先在电脑上建模并传输给机器人，利用ABS工程塑料为原材料，通过材料熔化和层层覆盖的方式，就能打印出不同形状的塑料产品，如图2-71所示。

图2-71　FDM打印机

在国内，上海富力奇公司的TSJ系列快速成型机采用了螺杆式单喷头，清华大学的MEM-250型快速成型机采用了螺杆式喷头，华中科技大学和四川大学正在研究开发以粒料、粉料为原料的螺杆式双喷头。北京殷华公司通过对熔融挤压喷头进行改进，提高了喷头可靠性，并在此基础上新推出了MEM200小型设备、EM350型工业设备以及基于光固化工艺的AUR0-350型设备。此外，殷华公司近几年推出了专门用于人体组织工程支架的快速成型设备MedtisS。该型设备以清华大学激光快速成型中心发明的低温冷冻成型（LDM）工艺为基础，最多可同时装备4个喷头。该设备成型材料广泛，可成型PLLA（聚乳酸）、PLGA（聚乳酸-羟基乙酯）、PU（聚酯）等多种人体组织工程用高分子材料。成型的支架孔隙率高，贯通性好，在组织工程中有良好的应用前景。

在系统方面，丹麦科技大学（Technical University of Denmark）的Bellini Anna将一个微型挤出器安装在一个精确定位系统上，它能直接使用颗粒状原料，从而扩大了FDM工艺的使用范围，提高了FDM制件的性能，达到使用FDM工艺制造特殊原型和熔融沉积快速成型精度及工艺研究快速制造的目的。目前，该系统和使用该系统的制件已经制作出来，但是一些工艺参数（如颗粒度等）还需要进一步优化。国内王伊卿、方勇等人对两种典型结构熔融沉积快速成型喷头中材料的压力场和速度场进行了有限元分析和实验验证，得出导致断丝的几个重要因素，并设计了一体化的喷头，保证出丝顺畅。

在材料方面，新加坡国立大学（National University of Singapore）的W. Dietmar等人研制了一种新型PCL材料用于组织工程中，并通过数据说明了支架的多孔性和抗压性之间存在极大的关系。J. Eric，Vamsik等通过对ABS材料的改性处理，使材料表面具有亲水性和生物相容性，从而使得FDM工艺能够运用到生物领域，制备具有生物相容性的活性制件，拓展了FDM工艺的应用范围。Kannan，Senthilkumaran等人在利用FDM进行成型时，对传统ABS材料添加涂层，并与未添加涂层的制件比较，发现添加了涂层的制件在力学性能上远远优于未添加涂层的制件。

在工艺方面，西安交通大学把 FDM 工艺中材料挤出过程改为由空气压缩机提供的压力挤出。结果表明，以气压作为挤压动力有效可行，系统工艺简单，成型材料选择范围广泛，可完成传统 FDM 的快速设计任务，还可完成制造人工生物活性骨的模型加工。Jorge Mireles，Ho-Chan Kim 等人利用 FDM 成型工艺进行低熔点金属合金的成型，制备了金属实体零件，同时验证单层的导电性，他们还对制件过程中的参数选择做了简单介绍。Olaf Diegel，Sarat-Singamneni 等人提出了一种新的弯曲层熔融沉积制造方案，并利用其进行具有导电性聚合物的打印，甚至将 FDM 工艺推广到电子电路的制造中。我国的穆存远、李楠等人针对快速成型时采用逐层叠加制造的基本思想，对成型时的台阶效应引起的正偏差进行了分析计算，得出了影响该误差的因素及误差曲线图，提出了减小误差的方法。

在实验方面，美国印第安科技大学一位研究人员，通过遗传算法求出最优的成型方向，并通过实验验证了其合理性，该算法可以用来获取任意成型件的最优成型方向。新加坡国立大学的研究人员用 FDM 制作组织工程中的细胞支架并研究其力学性能及机体对于支架的反应、接纳程度，实验结果证明在 3～4 周的时间里，新的组织可以在 FDM 制造的支架下生长。大连理工大学郭东明教授等人也进行了 FDM 工艺参数优化设计，先是提出丝宽理论模型，然后通过正交试验得到影响试件尺寸精度及表面粗糙度的显著因素及水平，并进行参数优化，大幅度提高了成型件的成型精度。朱传敏、许田贵等人对熔融沉积制造的填充方式进行了研究，针对四边形截面凸分解得到的子区，应用一种偏置于直线复合算法，对多边形轮廓进行填充，并成功应用在实例中。

在应用方面，澳大利亚 Swinburne 大学的 S. H. Masood 教授等人使用 FDM 工艺直接喷射金属制作注塑模嵌件。目前，他们正在对这种新工艺以及使用这种注塑模制作出来的塑料件进行研究。清华大学的颜永年教授等人利用喷射/挤出沉积成型方法制作了骨模型和耳状软骨，并在狗和兔子上进行了试验。颜永年教授还于 2005 年正式提出生物制造工程的概念，于 2008 年提出低温工程与绿色制造，目前他们在这方面的研究工作在国际上处于领先水平。

2.3.5　应用方向

作为一种全新的制造技术，快速成型能够迅速将设计思想转化成新产品，一经问世便得到了广泛的应用，涉及的行业包括建筑、汽车、教育科研、医疗、航空、消费品、工业等。近年来，FDM 工艺发展极为迅速，目前已占全球 RP 总份额的 30% 左右。FDM 主要的应用可以归纳为以下两个方面：

1. 设计验证

现代产品的设计与制造大多是在基于 CAD/CAM 技术上的数控加工，显著提高了产品开发的效率与质量，但产品的 CAD 设计模型总是不能在 CAM 辅助制造之前尽善尽美。利用快速成型技术进行产品模型制造是三维立体模型实现的最直接方式，它提高了设计速度和信息反馈速度，使设计者能及时对产品的设计思路、产品结构以及产品外观进行修正。针对产品中重要的零部件，在进行批量生产前，为降低一定的生产风险，往往需要进行手板的验证，对于形状复杂，曲面众多的部件，传统手板加工方法往往很难加工，利用

RP 技术可以快速方便地制造出实体，缩短新产品设计周期，降低生产成本以及生产风险。

Mizuno 是世界上最大的综合性体育用品制造公司。1997 年 1 月，Mizuno 美国公司准备开发一套新的高尔夫球杆，这通常需要 13 个月的时间。FDM 的应用大大缩短了这个过程，设计出的新高尔夫球头用 FDM 制作后可以迅速地得到反馈意见并进行修改，大大加快了造型阶段的设计验证，一旦设计定型，FDM 最后制造出的 ABS 原型就可以作为加工基准在 CNC 机床上进行钢制母模的加工。新的高尔夫球杆整个开发周期在 7 个月内就全部完成，缩短了 40％的时间。现在，FDM 快速成型技术已成为 Mizuno 美国公司在产品开发过程中起决定性作用的组成部分。

2. 模具制造

RP 技术在典型的铸造工艺（如失蜡铸造、直接模壳铸造）中为单件小批量铸造产品的制造带来了显著的经济效益。在失蜡铸造中，快速成型技术为精密消失型的制作提供了更快速、精度更高、结构更复杂的保障，并且降低了成本，缩短周期。

FDM 在快速经济制模领域中可用间接法得到注塑模和铸造模。首先用 FDM 制造母模，然后浇注硅橡胶、环氧树脂、聚氨酯等材料或低熔点合金材料，固化后取出母模即可得到软性的注塑模或低熔点合金铸造模。这种模具的寿命通常只有数件至数百件。如果利用母模或这种模具浇注（涂覆）石膏、陶瓷、金属构成硬模具，其寿命可达数千件。用铸造石蜡为原料，可直接得到用于熔模铸造的母模。

2.3.6　主要问题与发展方向

成型精度是快速成型技术中的关键问题，也是快速成型技术发展的一个瓶颈。快速成型技术由数据处理、成型过程和后处理三部分组成，所以可以推断快速成型误差由原理性误差、成型过程产生的误差和后处理产生的误差组成。

目前快速成型技术领域存在以下主要问题：

（1）材料方面的问题　RP 成型方法的核心是材料的堆积过程，材料的成型性能一般不太理想，大多数堆积过程伴随有材料的相变和温度的不稳定，残余应力难于消除，致使成型件不能满足需求，要借助于后处理才能达到产品要求。

（2）成型精度与速度方面的问题　RP 在数据处理和工艺过程中实际上是对材料的单元化，由于分层厚度不可能无限小，这就使成型件本身具有台阶效应。工艺要求对材料逐层处理，而在堆积过程中伴随有物理和化学的变化，使得实际成型效率偏低。就目前快速成型技术而言，精度和速度是一对矛盾体，往往难以调和。

（3）软件问题　快速成型技术的软件问题比较严重，软件系统不仅是离散/堆积的重要环节，也是影响成型速度、精度等方面的重要影响因素。如今的快速成型软件大多是随机安装，无法进行二次开发，各公司的成型软件没有统一标准的数据格式，且功能较少，数据转换模型 STL 文件缺陷较多，不能精确描述 CAD 模型，这都影响了快速成型的精度和质量。因此发展数据格式统一并使用由面切片、不等厚分层等准确描述模型方法的软件成为当务之急。

（4）价格和应用问题　快速成型技术是集材料科学、计算机技术、自动化及数控技术于一体的高科技技术，研究开发成本较高，工艺一旦成熟，必然有专利保护问题，这就给设备本身的生产和技术服务带来经济上的代价，并限制了技术交流，有碍 RP 技术的推广应用。虽然快速成型技术已在许多领域获得了广泛应用，但大多是作为原型件进行新产品开发及功能测试等，如何生产出能直接使用的零件是快速成型技术面临的一个重要问题。随着快速成型技术的进一步推广应用，直接零件制造是快速成型技术发展的必然趋势。快速原型技术经过近 20 年的发展，正朝着实用化、工业化、产业化方向迈进。其未来发展趋势归纳如下：

（1）开发新型材料　材料是快速成型技术的关键，因此，开发全新的 RP 新材料，如复合材料、纳米材料、非均质材料、活性生物材料，是当前国内外 RP 成型材料研究的热点。

（2）开发功能强大、标准化的成型软件和经济稳定的快速成型系统，提高快速成型的成型精度和表面质量。

（3）金属/模具直接成型，即直接制造金属/模具并应用于生产中。

（4）大型模具制造和微型制造，熔融沉积快速成型精度及工艺研究。

（5）反求技术　反求技术常用于仿制、维修和新产品开发，可大大缩短产品开发周期，降低成本，同时也是人体器官成型的核心与基础，在快速成型领域其已成为研究热点。

（6）低温成型及生物工程　低温成型成本低，制件方便，属于绿色制造。由于只有在低温下，生物材料和细胞才可能保持其生物活性，因此开发低温下的成形制造新技术，将生物材料、细胞或它们的复合体喷射成型，对生物制造具有决定性的意义。

（7）研究具有特定电、磁学性能的梯度功能材料及纳米晶材料。

（8）生长成型　伴随着生物工程、活性材料、基因工程、信息科学的发展，信息制造过程与物理制造过程相结合的生长成型方式将会产生，制造与生长将是同一概念。以全息生长元为基础的智能材料自主生长方式是 FDM 的新里程碑。

（9）远程制造　随着网络技术的发展，设计和制造人员可以通过各种桌面系统直接控制制造过程，实现设计和制造过程统一协调和无人化，实现异地操作与数据交换。用户可以通过网络将产品的 CAD 数据传给制造商，制造商可以根据要求快速地为用户制造各种制品，从而实现远程制造。

2.3.7　熔融沉积快速成型材料及设备

操作 FDM 打印机

2.3.7.1　熔融沉积快速成型材料

熔融沉积快速成型制造技术的关键在于热融喷头，良好的喷头温度能使材料挤出时既保持一定的形状又具有良好的黏结性能，但熔融沉积快速成型制造技术的关键也不是仅仅只有这一个，成型材料的相关特性（如材料的黏度、熔融温度、黏结性以及收缩率等）也会大大影响整个制造过程。一般来说，熔融沉积工艺使用的材料分别为成型材料和支撑材料。

（1）熔融沉积快速成型对成型材料的要求

FDM 工艺对成型材料的要求是熔融温度低、黏度低、黏结性好、收缩率小。

① 材料的黏度要低　低黏度的材料流动性好，阻力小，有利于材料的挤出。若材料的黏度过高，流动性差，将增大送丝压力并使喷头的启停响应时间增加，影响成型精度。

② 材料熔融温度要低　低熔融温度的材料可使材料在较低温度下挤出，减少材料在挤出前后的温差和热应力，从而提高原型的精度，延长喷头和整个机械系统的使用寿命。

③ 材料的黏结性要好　黏结性的好坏将直接决定层与层之间黏结的强度，进而影响零件成型以后的强度，若黏结性过低，在成型过程中很容易造成层与层之间的开裂。

④ 材料的收缩率要小　在挤出材料时，喷头需要对材料施加一定的压力，若材料收缩率对压力较敏感，会造成喷头挤出的材料丝直径与喷嘴的直径相差太大，影响材料的成型精度，导致零件翘曲、开裂。

（2）熔融沉积快速成型对支撑材料的要求

FDM工艺对支撑材料的要求是能够承受一定的高温、与成型材料不浸润、具有水溶性或者酸溶性、具有较低的熔融温度、流动性要特别好。

① 能承受一定的高温　支撑材料与成型材料需要在支撑面上接触，故支撑材料需要在成型材料的高温下不产生分解与熔化。

② 与成型材料不浸润　加工完毕后支撑材料必须去除，故支撑材料与成型材料的亲和性不应太好。

③ 具有水溶性或者酸溶性　为了更快的对复杂的内腔、孔等原型进行后处理，就需要支撑材料能在某种液体里溶解。

④ 具有较低的熔融温度　较低的熔融温度可使材料能在较低的温度下挤出，提高喷头的使用寿命。

⑤ 流动性要好　支撑材料不需要过高的成型精度，为了提高机器的扫描速度，就需要支撑材料具有很好的流动性。

FDM工艺成型材料的基本信息及特性指标分别如表2-5和表2-6所示。

表2-5　　　　　　　　　　　　FDM工艺成型材料的基本信息

材料	试用的设备系统	可供选择的颜色	备　　注
ABS（丙烯腈丁二烯苯乙烯）	FDM 1650、FDM 2000、FDM 8000、FDMQuantum	白、黑、红、绿、蓝	耐用的无毒塑料
ABSi（医学专用ABS）	FDM 1650、FDM 2000	黑、白	被食品及药物管理局认可的、耐用的且无毒的塑料
E20	FDM 1650、FDM2000	所有颜色	人造橡胶材料，与封铅、轴衬、水龙带和软管等使用的材料相似
ICW06（熔模铸造用蜡）	FDM 1650、FDM2000	—	—
可机械加工用蜡	FDM 1650、FDM2000	—	—
造型材料	Genisys Modeler	—	高强度长聚酯化合物，多为磁带式而不是卷绕式

表2-6　　　　　　　　　　　　FDM工艺成型材料特性指标

材料	抗拉强度/MPa	弯曲强度/MPa	冲击韧性/(J/m²)	延伸率/%	肖氏硬度/D	玻璃化温度/℃
ABS	22	41	107	6	105	104
ABSi	37	61	101.4	31	108	116
ABSplus	36	52	96	4	—	—

续表

材料	抗拉强度/MPa	弯曲强度/MPa	冲击韧性/(J/m²)	延伸率/%	肖氏硬度/D	玻璃化温度/℃
ABS-M30	36	61	139	6	109.5	108
PC-ABS	34.8	50	123	4.3	110	125
PC	52	97	53.39	3	115	161
PC-ISO	52	82	53.39	5	—	161
PPSF	55	110	58.73	3	86	230
E20	6.4	5.5	347	—	96	—
ICW06	3.5	4.3	17	—	13	—
Genisye Modeling Material	19.3	26.9	32	—	62	—

2.3.7.2 熔融沉积快速成型制造设备

供应熔融沉积制造设备的单位主要有美国的 Stratasys 公司、3D Systems 公司、Med Modeler 公司以及国内的清华大学等。其中，Stratasys 公司的 FDM 技术在国际市场上占比最大。由于在几种常用的快速成型设备系统中，唯有 FDM 系统可在办公室内使用，为此，Stratasys 公司还专门成立了负责小型机器销售和研发的部门（Dimension 部门），其常见设备如图 2-72～图 2-76 所示。

自推出光固化快速成型系统及选择性激光烧结系统后，3D Systems 公司又推出了熔融沉积式的小型三维成型机 Invision 3-D Modeler 系列。该系列机型采用多喷头结构，成型速度快，材料具有多种颜色，采用溶解性支撑，原型稳定性能好，成型过程中无噪声，如图 2-77 所示。

图 2-72 Stratasys 公司的 FDM-Quantum 机型
（尺寸：600mm×500mm×600mm）

图 2-73 Stratasys 公司的 FDM-Genisys Xs 机型
（尺寸：305mm×203mm×203mm）

图 2-74　Stratasys 公司于 1993 年开发出的第一台 FDM 1650 机型

（尺寸：254mm×254mm×254mm）

图 2-75　Stratasys 公司的 Dimension
BST 1200 机型

（尺寸：254mm×254mm×305mm）

图 2-76　Stratasys 公司的 Dimension
BST 768 机型

（尺寸：203mm×203mm×305mm）

2.3.8　熔融沉积快速成型工艺因素分析

2.3.8.1　材料性能的影响

凝固过程中，材料的热收缩和分子取向的收缩会产生应力变形从而影响成型件的精

图 2-77 3D Systems 公司的 3D Modeler

度。通过改进材料的配方并在设计时考虑收缩量进行尺寸补偿能够减小这一因素的影响。

2.3.8.2 喷头温度和成型室温度的影响

喷头温度将直接决定材料的黏结性能、堆积性能、丝材流量以及挤出丝宽度，而成型室的温度会影响到成型件的热应力。这就需要根据丝材的性质来选择喷头温度以保证挤出丝的熔融流动状态，同时还需要将成型室的温度设定的比挤出丝的熔点温度低 1~2℃。

2.3.8.3 填充速度与挤出速度的交互影响

挤出丝的体积在单位时间内与挤出速度呈正比关系，当填充速度一定时，随着挤出速度的增大，挤出丝的截面宽度逐渐增加，当挤出速度增大到一定值，挤出丝黏附于喷嘴外圆锥面，将影响正常加工；若填充速度比挤出速度快，材料将填充不足，出现断丝现象，难以成型。因此，需要使挤出速度与填充速度相匹配。

2.3.8.4 分层厚度的影响

通常情况下，实体表面产生的台阶将随着分层厚度的减小而减小，而表面质量将随着分层厚度的减小而提高，但是如果分层处理和成型的时间过长将影响加工效率。同理，分层厚度增大将使实体表面产生的台阶增大，降低表面质量，但是相对而言会提高加工效率。那么就需要兼顾效率和精度来确定分层厚度，必要时可通过后期打磨来提高原型表面质量及精度。

2.3.8.5 成型时间的影响

填充速度、每层的面积大小及形状的复杂度都将影响成型时间，若层的面积小，形状简单，填充速度快，那么该层的成型时间就短；反之，成型时间就长。所以加工时为了获得精度较高的成型件，必须要控制好喷嘴的工作温度和每层的成型时间。

2.3.8.6 扫描方式的影响

FDM 扫描方式有螺旋扫描、偏置扫描及回转扫描等，为了提高表面精度，简化扫描过程，提高扫描效率，可采用复合扫描方式，即外部轮廓用偏置扫描，内部区域填充用回转扫描。

2.3.9　气压式熔融沉积快速成型系统

2.3.9.1　工作原理

将低黏性材料（该材料可由不同相组成，如粉末—黏结剂的混合物）加热到一定温度后，通过空气压缩机所提供的压力由喷头挤出，涂覆在工作平台或前一沉积层上，同时按当前层的层面几何形状进行扫描堆积，实现逐层沉积凝固。计算机系统控制工作台做 X、Y、Z 轴的三维运动，实现逐层制造三维实体或直接制造空间曲面，如图 2-78 所示。

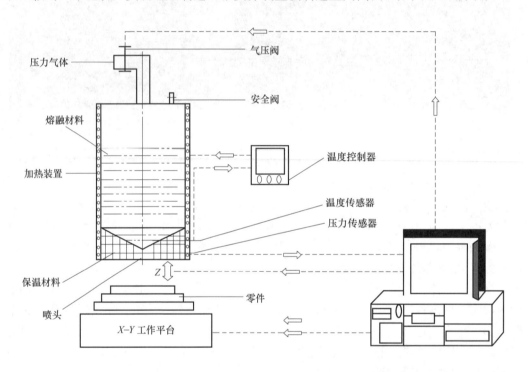

图 2-78　气压式熔融沉积快速成型系统基本结构示意图

2.3.9.2　特点

气压式熔融沉积快速成型系统的特点如表 2-7 所示。

表 2-7　　　　　　　　　　气压式熔融沉积快速成型系统的特点

	成型材料广泛
优点	设备成本低,体积小
	无污染
	成型材料的黏稠度要求高
缺点	包含杂质的颗粒度要求严格
	不能成型很尖锐的拐点

2.3.9.3　与传统 FDM 的区别

（1）无需采用专门的挤压成丝设备。

（2）压力装置结构简单，提供的压力稳定可靠，成本低。

（3）改进后没有送丝部分的 AJS 系统喷头变得轻巧，减小了机构的振动，提高了成型精度。

2.3.10 熔融沉积快速原型实例

PPSF（polyphenylsulfone）材料由 Stratasys 公司针对 FDM 快速原型系统 Titan 发表，与其他快速原型材料相比，这种材料有着较高的强韧性、耐热性及抗化学性（如图 2-79 所示）。

ABS 为材料提供了白色、蓝色、黄色、红色、绿色及黑色六种颜色选项，而医学领域下的 ABS 则为材料提供了创建透明度的应用，如汽车透明红色或黄色的车灯。

图 2-79　PPSF 耐高温工程材料
应用于咖啡壶设计

图 2-80　彩色模型装配件

FDM 技术的关键优势是尺寸稳定性（其主要是看材料的热膨胀系数，热膨胀系数越小尺寸稳定性越好），如同 SLS 技术，时间或环境的改变都不会改变工件的尺寸或其他特征，而 SLA 或 PolyJet 技术就无法达到温度改变但尺寸不变的效果。

2.3.11 案例：扳手制作

（1）前处理

① 扳手 CAD 模型及 STL 文件

利用三维造型软件 UG 进行扳手设计，如图 2-82 所示。然后将其导出为 STL 格式。

② 三维模型的切片处理

将扳手的 STL 文件导入切片软件中进行切层处理。a. 连接设备，如图 2-83 所示；b. 设备复位，如图 2-84 所示；c. 导入零件，如图 2-85 所示；d. 调整零件位置，如图 2-86 所示；e. 生成路径，如图 2-87 所示；f. 设置参数并保存数据文件，如图 2-88 所示。

图 2-81   大型工件的尺寸稳定性

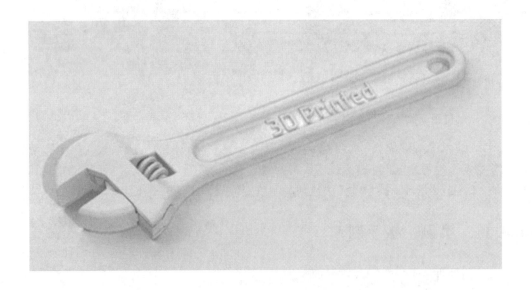

图 2-82   扳手三维图

（2）分层叠加过程

连接数据线，将数据文件传输到打印机上，开始脱机打印，如图 2-89 所示。

（3）后处理

打印结束，取下零件，手动去除支撑，再根据要求稍加打磨即可。

图 2-83　连接设备

图 2-84　复位设置

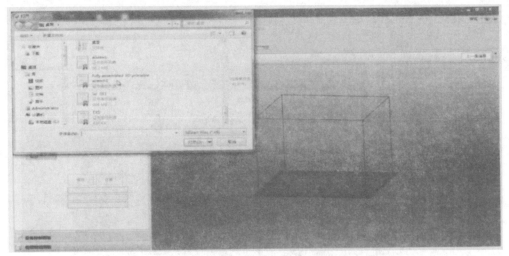

图 2-85　导入零件

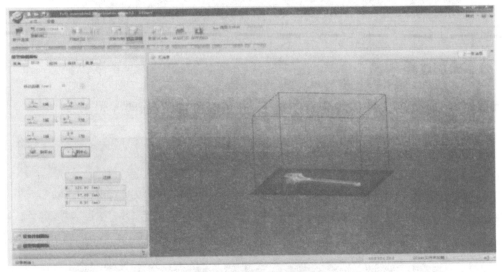

图 2-86　零件位置的调整

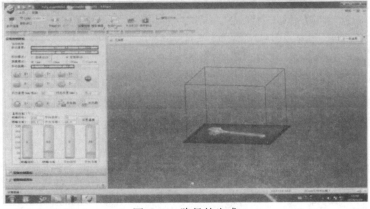

图 2-87　路径的生成

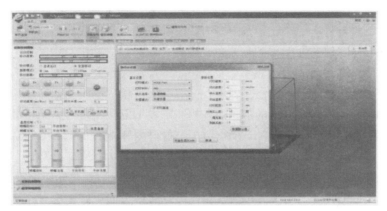

图 2-88 文件的保存

图 2-89 脱机打印

立体喷墨打印
3DP 技术

2.4 立体喷墨打印法 3DP

20世纪90年代初,液滴喷射技术受到从事快速成型工作的国内外人员的广泛关注,这种技术适用于三维打印快速成型,也就是现在所说的3DPrinting,又叫三维印刷。在1992年,美国麻省理工学院 Emanual Sachs 等人利用平面打印机喷墨的原理成功喷射出具有黏性的溶液,再根据三维打印的思想以粉末为打印材料,最终获得三维实体模型,这种工艺也就是三维印刷(3DP)工艺。1995年,即将离校的学生 Jim Bredt 和 Tim Anderson 在喷墨打印机的原理上做了改进,他们没有把墨水挤压在纸上,而是采用把约束溶剂喷射到粉末所在的加工床上,基于以上的工作和研究成果,麻省理工学院创造了"三维打印"一词。1989年,Emanual Sachs 申请了3DP(Three-Dimensional Printing)专利,该专利是非成型材料微滴喷射成型范畴的核心专利之一。从1997年至今,美国 ZCorporation 公司推出了一系列三维打印机。这些打印机主要以粉末材料为打印耗材，例如淀粉、石膏，还有一些复合材料等，在粉末上喷射，层层叠加起来形成所需原型。随着三维技术的发展，三维成型零件的性能得到逐步的改善。Crau 等人研究打印出粉浆浇注的氧化铝陶瓷模具，与传统烧制而成的陶瓷模具相比，三维快速成型方法打印出来的强度更高，耗时短，而且还可以控制液粉浆的浇注速度。Yoo 等人将松散的氧化铝陶瓷粉末打印成一个模型，得到模型后通过一些其他的加工工艺提高了模型的致密度，采用三维打印快速成型法最后得到的陶瓷制品的性能与传统加工方法制得的相当，此模型的致密度为 50%～60%。Scosta 等人研究打印出以覆膜 Ti_3SiC_2 陶瓷粉末为打印材料的模型，为了提高其致密度，采用冷等静压工艺，再经烧结后制件致密度为 99%。上述的研究得到的结果大大地增强了三维模型的性能，与传统的方法相比，在有些方面更好。

此外，3D 打印材料和黏结剂上也有很多不同的研究。Lam 等人以淀粉基聚合物为原材料，用水作为黏结剂，打印出一个支架。Lee 等人打印出三维石膏模具，其孔隙均匀，连通性好。Griffith 等人以氯仿液为黏结剂，以 PLLA 和 PLGA 粉末为原材料，打印成型出肝脏组织工程的支架实体。1990 年，Evans 等人研究 ZrO、TiOL、氧化铝等陶瓷材料，最后将配置出均匀分布的纳米陶瓷粉末的悬浮液，用此为黏结剂，没有其他打印材料，最终打印出二维陶瓷零件。1992 年，Sachs 等人专门研制了直接喷射金属液滴成型工艺，获得可制造性的注塑模。1998 年，Teng 等人在陶瓷悬浮液的沉积理论和黏度的影响下做了细致的实验和分析，最后设计的打印结构装置得到了清晰的陶瓷图案。Mott 等人设计了一种按需落下喷射装置，最终打印出陶瓷坯体，这个胚体一共由 1200 层构成，还设计了方洞和悬臂的结构。2002 年，Moon 等人发现黏结剂的相对分子质量需小于 15000，以及黏结剂和材料对最后成型的模型参数的影响，使得三维打印模型的应用领域有了很大的扩展。1995 年，MicroFab 公司研究出 JetLab 成型系统，可应用于印制电路板，但是有一个问题是所用的材料必须是低熔点金属或者是聚合物。2000 年，美国加州大学 OrmeM 等人所开发的设备样机可应用于电路板印制、电子封装等半导体工业。这些研究学者通过深入研究液滴成型的原理和液滴的微观结构，最后针对不同的领域做出相应的设备。2000 年，美国 3DSystems 公司研制出多个热喷头三维打印设备，该打印机的热塑性材料价格低廉，易于使用。以色列 Objet Geometries 公司推出了能够喷射第二种材料的 Objet Quadra 三维打印快速成型设备。

国内学者也很关注基于射流技术三维打印快速成型技术，并在一些研究方向上已经形成了自己的特色。中国科技大学自行研制的八喷头组合液滴喷射装置，有望在光电器件、材料科学以及微制造中得到应用。西安交通大学卢秉恒等人研制出一种基于压电喷射机理三维打印快速成型机喷头。清华大学颜永年等人提出一种以水作为成型材料，冰点较低的盐水作为支撑材料的低温冰型快速成型技术。华中理工大学马如震、刘进等人阐述了基于微小熔滴快速成型技术的加工工艺和成型方法。颜永年等人还以纳米晶起基磷灰石胶原复合材料和复合骨生长因子作为成型原料，采用液滴喷射成型的方式制造出多孔结构、非均质的细胞载体支架结构。天津大学陈松等人将液滴喷射技术应用到化工造粒过程，对射流断裂形成均匀液滴的频率范围、流速及材料特性、振动方向、喷头形状等因素影响进行探讨。北京印刷学院 2010 年购入两台 Object Eden 260V 3D 打印系统，2011 年又再次购入一台 Z Corporation Spertrum Z510。至此，北京印刷学院在 3D 打印研究领域已涉及三维打印制版技术研究、三维印刷电子研究和三维生物印刷研究。印刷包装材料与技术重点实验室已开展"UV体系3D打印制版材料""3D打印的制版样机"研究等。

2.4.1　基本原理及成型流程

2.4.1.1　基本原理

3DP成型技术是一种基于喷射技术，从喷嘴喷射出液态微滴或连续的熔融材料束，按一定路径逐层堆积成型的RP技术。三维打印也称粉末材料选择性黏结，和SLS类似，这个技术的原料也是粉末状，不同的是3DP不是将材料熔融，而是通过喷头喷出黏结剂将材料结合在一起，其工艺原理如图2-90所示。喷头在计算机的控制下，按照截面轮廓的信息，在铺好的一层粉末材料上，有选择性地喷射黏结剂，使部分粉末粘结，形成截面层。一层完成后，工作台下降一个层厚，铺粉，喷黏结剂，再进行后一层的粘结，如此循环形成三维制件。粘结得到的制件要置于加热炉中，作进一步的固化或烧结，以提高黏结强度。

2.4.1.2　成型流程

3DP技术是一个多学科交叉的系统工程，涉及CAD/CAM技术、数据处理技术、材料技术、激光技术和计算机软件技术等，在快速成型技术中，首先要做的就是数据处理，从三维信息到二维信息的处理，这是非常重要的一个环节。成型件的质量高低与这一环节的方法及其精度有着非常紧密的关系。在数据处理的系统软件中，可以将分层软件看成3D打印机的核心。分层软件是CAD到RP的桥梁。其

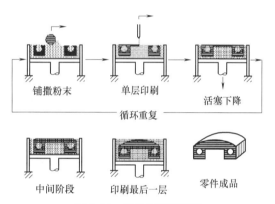

图2-90　3DP工艺原理图

成型工艺过程包括模型设计、分层切片、数据准备、打印模型及后处理等步骤。在采用3DP设备制件前，必须对CAD模型进行数据处理。由UG，Pro/E等CAD软件生成CAD模型，并输出STL文件，必要时需采用专用软件对STL文件进行检查并修正错误。但此时生成的STL文件还不能直接用于三维打印，必须采用分层软件对其进行分层。层厚大，精度低，但成型时间快；相反，层厚小，精度高，但成型时间慢。分层后得到的只是原型一定高度的外形轮廓，此时还必须对其内部进行填充，最终得到三维打印数据文件。

3DP具体工作过程如下：①采集粉末原料。②将粉末铺平到打印区域。③打印机喷头在模型横截面定位，喷黏结剂。④送粉活塞上升一层，实体模型下降一层以继续打印。⑤重复上述过程直至模型打印完毕。⑥去除多余粉末，固化模型，进行后处理操作。

2.4.2　关键技术

从上述的3DP的工作原理可以知道，三维打印机仪器设备主要有以下几个部分：第

一个部分是打印过程中三轴的运动控制，包括打印头在平面方向上的运动，即 X 轴和 Y 轴的运动，还有工作台在 Z 方向上的上下运动；第二部分是打印头的驱动控制，与成型原料黏结剂结合起来打印头的喷射；第三部分是粉末材料的机械结构设备，包括粉末回收功能，粉末喂料，铺粉装置和粉末的储存室；第四部分是成型室；最后还有计算机硬件与软件。

2.4.2.1　运动控制

送粉活塞和建造活塞用两个步进电机代替，在铺粉过程中，压平辊子用铺粉的装置代替，其三维电机的运动过程具体如下：X 轴运动一个来回中，喷头完成均匀喷墨第一层，X 轴继续运动到末端，打印区域 Z_1 轴电机下降一定高度，粉槽区域 Z_2 轴电机上升一定高度，X 轴运动回零点，此时刮粉挡板刮平一层厚度粉末，X 轴来回运动一个行程，确保刮粉平面层面光滑，完成第一层堆叠；X 轴继续再运动一次，打印头完成第二层的喷射过程，X 轴继续运动到末端，打印区域 Z_1 轴电机下降一定高度，粉槽区域 Z_2 轴电机上升一定高度，X 轴运动回零点，此时刮粉挡板刮平一层厚度粉末，X 轴来回再运动一个过程，确保刮粉平面层面光滑，结束第二层堆叠。如此来回运动，逐层完成叠加，最终得到实体模型。

2.4.2.2　胶水的喷射方式

按胶水的喷射方式 3DP 主要分成连续喷射和按需落下喷射两大类。按需落下喷射模式既节约成本又有高的可靠性，现在的 3DP 设备都使用这种模式。按需落下喷射模式有微压电（Piezoelectric）和热气泡（Thermal Bubble）两种方法形成液滴。两种方法都需要克服溶液表面张力，微压电是利用压电陶瓷在电压作用下变形的特性，使溶液腔内的溶液受到压力；热气泡是使在短时间内受热温度快速上升至 300℃ 的胶水溶液汽化产生气泡。微压电式对产生的液滴有很强的控制效果，适合于高精度打印。喷射模式选择更多的是微压电式，其参数如表 2-8 所列。

表 2-8　　　　　　　　　　　　　喷射模式参数

喷射性能	喷射类型		
	连续喷射模式	按需落下喷射模式	
		微压电式	热气泡式
黏度/(MPa·s)	1～10	5～30	1～3
最大液滴直径/mm	≈0.1	≈0.03	≈0.035
表面张力(×10^{-5}N/cm)	>40	>32	>35
速度/(m/s)	8～20	2.5～20	5～10
导电性/μΩ	>1000	—	—
溶液(Re)	80～200	2.5～120	58～350
溶液(Re)	87.6～1000	2.7～373	12～100

按照压电陶瓷的变形模式不同，压电喷墨头可以分为 4 种主要的类型（图 2-91）：收缩管型（Squeeze Tube Mode）、弯曲型（Bend Mode）、推挤型（Push Mode）和剪力型（Shear Mode）。

压电式喷头的模型，如图 2-92 所示，主要组成为：喷墨通道、喷墨液箱、喷孔、压

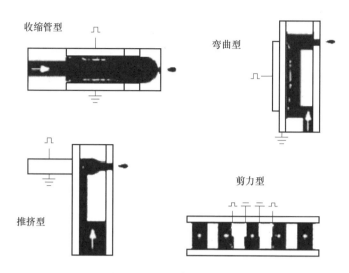

图 2-91 压电喷墨头的类型

电片。

它的工作原理很简单，电脉冲信号传入到压电传感器时，压电片收缩，对压力腔内的墨水产生一个压力，挤出喷嘴。这种喷头结构简单，可以用在小型化的仪器设备上，而且设备就可以使用多个这种喷头，实现彩色

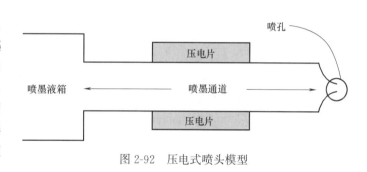

图 2-92 压电式喷头模型

化，压电喷头在打印过程中产生的都是尺寸均匀的较小墨滴。

2.4.2.3 打印所需相关参数

打印所需相关参数有喷头到粉层距离、粉末层厚、喷射和扫描速度、每层成型时间。

(1) 喷头到粉层距离的确定 此数值直接决定打印的成败，若距离过大则胶水液滴易飞散，无法准确到达粉层相应位置，降低打印精度；若距离过小则冲击粉层力度过大，使粉末飞溅，容易堵塞喷头，直接导致打印失败，而且影响喷头使用寿命。胶水液滴对粉层表面冲击的计算公式为 K：We 的二分之一次方，$K = We^{1/2}Re^{1/2}$ 式中：K 为溅射系数，We 为韦伯数，Re 为雷诺数。当 $K = Kc$ 时，液滴无法在介质表面产生溅射，表面越粗糙，Kc 值越小，液滴越容易产生溅射。液滴对粉末介质表面的冲击则更复杂，Agland 等人（1999 年）将液滴对粉末表面的冲击分为 5 种形式。液滴与粉末表面的作用结果主要取决于液滴的流体动力学特性和粉末表面的性能。实验研究表明：当 $We > 1000$ 时，粉末在液滴的作用下会出现溅射破碎，从而破坏粉末表面，无法精确成型所需截面，这在三维打印快速成型中是需要避免的；当 $We < 300$ 时，粉末在液滴的作用下会主要表现为沉入，液滴对粉末表面的冲击可以类似于液滴对多孔介质表面的冲击。

(2) 粉末层厚的确定 每层粉末的厚度等于工作平面下降一层的高度，即层厚。在工作台上铺粉末的厚度应等于层厚。当表面精度或产品强度要求较高时，层厚应取较小值。胶水溶液饱和度限制了能满足制件精度和强度的最大厚度，其最大厚度小于用激光烧结粉末的 SLS。在三维打印快速成型中，粘接剂与粉末空隙体积之比，即饱和度，对打印产品的力学性能影响很大。饱和度的增加在一定范围内可以明显提高制件的密度和强度，但是饱和度大到超过合理范围时打印过程变形量会增加，高于所能承受范围，使层面产生翘曲变形，甚至无法成型。饱和度与粉末厚度成反比，厚度越小，层与层黏结强度越高，产品强度越高，但是会导致打印效率下降，成型的总时间成倍增加。

（3）喷射与扫描速度的确定　对于 3DP 技术来说，喷射与扫描速度只影响成型时间，不会影响产品质量，所以只需要考虑运行速度，采用单向扫描即可。

（4）每层成型时间　三维打印数结快速成型的过程为：在工作平面均匀铺粉末，辊子运动压平粉末，喷头喷射胶水溶液扫描，固化成型，喷头返回初始位置，Z 轴下降一层开始下一层打印。系统完成各个步骤所需时间之和就是每层成型时间。每层任何环节需要时间的增加都会直接导致成倍增加产品整体的成型时间，所以缩短整体成型时间必须有效地控制每层成型时间，控制打印各环节。减少喷射扫描时间需要提高扫描速度，但这样会使喷头运动开始和停止瞬间产生较大惯性，引起胶水喷射位置误差，影响成型精度。由于提高喷射扫描速度会影响成型的精度，且喷射扫描时间只占每层成型时间的 1/3 左右，而铺撒粉末时间和辊子压平粉末时间之和约占每层成型时间的一半，缩短每层成型时间可以通过提高粉末铺撒速度实现。然而过高的辊子平动速度不利于产生平整的粉末层面，而且会使有微小翘曲的截面整体移动，甚至使已成型的截面层整体破坏，因此，通过提高辊子的移动速度来减少粉末铺覆时间存在很大的限制。综合上述因素，每层成型速度的提高需要加大辊子的运动速度，并有效提高铺撒粉末的均匀性和系统回零等辅助运动速度。

2.4.3　成型特点

SLA、SLS 等快速成型设备以激光作为能源，但激光系统（包括激光器、冷却器、电源和外光路）的价格及维护费用非常昂贵，致使制件的成本较高，而基于喷射黏结剂堆积成型的 3DP 设备采用相对较廉价的打印头。另外，3DP 快速成型方法避免了 SLA、SLS 及 FDM 等快速成型方法对温度及环境的要求。

三维打印成型技术具有以下特点：

① 成本低，体积小。无需复杂的激光系统，整体造价大大降低，喷射结构高度集成化，没有庞杂的辅助设备，结构紧凑，适合办公室使用。

② 材料类型广泛。根据使用要求，可以是热塑性材料、金属或陶瓷材料，也可以是种类繁多的粉末材料，如陶瓷、金属、石膏、淀粉及各种复合材料，还可以是成型复杂的梯度材料零件。

③ 工作过程中无污染。成型过程中无大量热产生，无毒无污染，环境友好。

④ 成型速度快。成型头一般具有多个喷嘴，成型速度比采用单个激光头逐点扫描要快得多。

⑤ 高度柔性。这种制造方式不受零件的形状和结构的任何约束，且不需要支撑结构，未被喷射黏结剂的成型粉末起到支撑的作用，使复杂模型的直接制造成为可能，尤其是内

腔复杂的原型。

⑥ 运行费用低且可靠性高。成型喷头维护简单，消耗能源少，可靠性高，运行费用和维护费用低。

⑦ 和其他工艺相比，本工艺可以制作颜色多样的模型，彩色3DP加强了模型的信息传递潜力。

但是，三维打印成型也存在以下不足之处：

① 制件强度较低。由于采用液滴直接粘结成型，制件强度低于其他快速成型方式，一般需要进行后处理。

② 制件精度有待提高。特别是液滴粘结粉末的三维打印成型，其表面精度受粉末材料特性的约束。

③ 只能使用粉末原型材料。

2.4.4 成型材料及应用

3DP材料来源广泛，包括尼龙粉末、ABS粉末、金属粉末、陶瓷粉末、塑料粉末和干细胞溶液等，也可以是石膏、砂子等无机材料。胶粘剂液体有单色和彩色两种，可以像彩色喷墨打印机打印出全彩色产品，用于打印彩色实物、模型、立体人像、玩具等，尤其是塑料粉末打印物品具有良好的力学性能和外观。将来成型材料应该向各个领域的材料发展，不仅可以打印粉末塑料类材料，也可以打印食物类材料。

三维打印成型可以用于产品模型的制作，以提高设计速度，提高设计交流的能力，成为强有力的与用户交流的工具，进行产品结构设计及评估，以及样件功能测评。除了一般工业模型，三维打印可以成型彩色模型，特别适合生物模型、化工管道及建筑模型等。此外，彩色原型制件可通过不同的颜色来表现三维空间内的温度、应力分布情况，这对于有限元分析是非常好的辅助工具。三维打印成型可用于制作母模、直接制模和间接制模，对正在迅速发展和具有广阔前景的快速模具领域起到积极的推动作用。将三维打印成型制件经后处理作为母模，浇注出硅橡胶，然后在真空浇注机中浇注聚亚胺酯复合物，可复制出一定批量的实际零件。聚亚胺酯复合物与大多数热塑性塑料性能大致相同，生产出的最终零件可以满足高级装配测试和功能验证。直接制作模具型腔是真正意义上的快速制造，可以采用混合用金属的树脂材料制成，也可以直接采用金属材料成型。三维打印快速成型直接制模能够制作带有工形冷却道的任意复杂形状模具，甚至在背衬中构建任何形状的中空散热结构，以提高模具的性能和寿命。快速成型技术的发展目标是快速经济地制造金属、陶瓷或其他功能材料零件。美国Extrude Hone公司采用金属和树脂黏结剂粉末材料，逐层喷射光敏树脂黏结剂，并通过紫外光照射进行固化，成型制件经二次烧结和渗铜，最后形成60%钢和40%铜的金属制件。其金属粉末材料的范围包括低碳钢、不锈钢、碳化钨，以及上述材料的混合物等。美国Pro Metal公司通过喷射液滴逐层粘结覆膜金属合金粉末，成型后再进行烧结，直接生产金属零件。美国Automated Dynamics公司则生产喷射铝液滴的快速成型设备，每小时可以喷射1kg的铝滴。三维打印成型可以进行假体与移植物的制作，利用模型预制个性化移植物（假体），提高精确性，缩短手术时间，减少病人的痛苦。此外，三维打印成型制作医学模型可以辅助手术策划，有助于改善外科手术方案，并有效地进行医学诊断，大幅度减少时间和费用，给人类带来巨大的利益。缓释药物可以使药物维持在希望的治疗浓度，减少副作用，优化治疗。提高病人的舒适度，是目前研究的热点。

（1）软件开发　软件开发主要是影响材料成型精度，主要体现在两个方面，第一方面是由 CAD 模型转换成 STL 格式文件的转换过程中会出现不可避免的误差；第二个方面是对 STL 文件进行切片处理时所产生的误差。为了解决成型系统功能单一和二次开发困难的问题，将来应该提出一种标准的三维软件快速成型系统，使其二次开发容易，能满足大多数人的要求，形成软件的集成化。这样才能为三维打印技术提供一个平台，共同开发和研究三维打印技术。

（2）成型材料　成型材料是决定快速成型技术发展的基本要素之一，它直接影响到物理化学性能、原型的精度以及应用等。将来成型材料应该向各个领域的材料发展，不仅可以打印粉末塑料类材料，也可以打印食物类材料。

（3）快速成型（RP）　快速成型的发展应该是到快速制造（RM）的转变，从非功能部位逐渐变成功能部件。随着印刷材料的不断扩大，打印出一个 3D 实体模型的非功能性部分应该逐渐变成功能部件，即简单处理后可以直接使用到实际的应用当中。

（4）体积小型化、桌面化　三维打印机在普及的过程中，为了方便人们使用，将出现更加经济、外形更加小巧、更适合办公室环境的机型。

（5）新工艺的开发和设备的改进随着喷射技术的进步，开发新工艺，在三维打印机上实现高端 RP 设备的一些高级功能，进一步提高原型件的表面质量和尺寸精度。

（6）随着技术的发展，直接喷射出成型材料在外场下固化，成为这种工艺的新发展趋势。

2.5　激光选区烧结 SLS

激光选区烧结与
融化技术

2.5.1　技术概述

选择性激光烧结（Selective Laser Sintering，SLS）由美国得克萨斯大学奥斯汀分校的 C. R. Dechard 于 1989 年研制成功。SLS 是有选择地将材料粉末在高强度的激光照射下烧结在一起，得到零件的截面，通过层层叠加的方法生成所需形状的零件。其整个工艺过程包括 CAD 模型建立、数据处理、铺粉、烧结以及后处理等。SLS 成型方法的选材范围广泛，尼龙、蜡、ABS、金属和陶瓷粉末等都可以作为原材料。SLS 不需支撑结构，因而在成型设备和系统软件中，也无需考虑支撑系统。总之，SLS 成型方法有着制造工艺简单、柔性度高、材料选择范围广、材料价格便宜、成本低、材料利用率高、成型速度快等特点，针对以上特点 SLS 法主要应用于铸造业，并且可以用来直接制作快速模具。国内也有多家单位开展了有关 SLS 的研究，但主要集中于高校和科研院所，如华中科技大学、南京航空航天大学、西北工业大学、中北大学和北京隆源自动成型系统有限公司等，也取得了一定的研究成果。如南京航空航天大学研制的 RAP-I 型激光烧结快速成型系统和北京隆源自动成型有限公司开发的 AFS-300 激光快速成型的设备等。

2.5.2 选择性激光烧结工艺的基本原理

选择性激光烧结主要是将粉末材料（塑料粉等与黏结剂的混合粉）通过二氧化碳激光器进行选择性烧结。在开始加工之前将充有氮气的工作室升温，将温度维持在粉末的熔点以下；成型阶段送料桶上升，铺粉小车移动，在工作平台上铺一层粉末材料，然后激光束在计算机的控制下按照界面轮廓对实心部分的粉末进行烧结，继而熔化粉末形成一层固体轮廓。每一层烧结完成之后，工作台下降一个截面层的高度，再次铺上粉末，进行下一层烧结，如此循环，直至完成整个实体构建。在实体构建完成并充分冷却后，需要将加工件取出置于后处理工作台上，去除残留的粉末。在成型过程中，未经烧结的粉末对模型的空腔和悬臂部分起支撑作用，无需另行生成支撑工艺结构。选择性激光烧结工艺原理如图 2-93 所示。

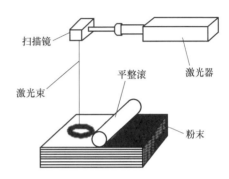

图 2-93 选择性激光烧结工艺原理

2.5.3 选择性激光烧结快速成型材料及设备

2.5.3.1 选择性激光烧结快速成型材料

选择性激光烧结所使用的材料主要分为以下几类：金属基合成材料、陶瓷基合成材料、铸造砂和高分子粉末等。

（1）金属基合成材料

金属基合成材料的硬度高，有较高的工作温度，可用于复制高温模具。常用的金属基合成材料一般由金属粉和黏结剂组合而成，这两种材料也有很多种类，如表 2-9 所示。

表 2-9 金属粉和黏结剂分类

金 属 粉	黏 结 剂
不锈钢粉末、还原铁粉、铜粉、锌粉、铝粉	有机玻璃、聚甲基丙烯酸丁酯、环氧树脂、其他易于热降解的高分子共聚物

（2）陶瓷基合成材料

陶瓷基合成材料比金属基合成材料硬度更高，工作温度也更高，也可用于复制高温模具，它一般由陶瓷粉和黏结剂组合而成。在 SLS 的过程中，CO_2 激光束产生热量熔化黏结剂，黏结陶瓷粉使制件成型，最终经过在加热炉中烧结获得陶瓷工件。

（3）铸造砂

铸造砂主要用于低精度原型件的制作，主要成分为覆模砂，其表面的高分子黏结成分一般是低分子量酚醛树脂。

（4）高分子粉末

高分子粉末材料主要包括尼龙（PA）粉、聚碳酸酯（PC）粉、聚苯乙烯（PS）粉、ABS 粉、铸造用蜡粉、环氧聚酯粉末、聚酯（PBT）粉末、聚氯乙烯（PVC）粉末、聚四氟乙烯（PTFE）以及共聚改性粉末材料等。从理论角度出发，所有的热塑性粉末都可通过 SLS 技术制作出各种形状的制件，国内外也有很多有关 SLS 材料应用的研究，如表 2-10 所示。

表 2-10   国内外 SLS 材料的应用状况

生产商	牌号及产品类型	用途及特点
EOS	PrimeCast 100 PS 粉末	适用于熔模铸造
	Quartz 4.2/5.7 酚醛树脂包裹铸造砂	适用于翻砂铸造
	Alumide A1(30%)＋PA 复合粉末	适用于具有金属性质的坚硬耐用的零件
	DirectSteel 20 粒状良好的钢粉	适用于注塑模以及直接制造金属零件
	DirectSteelH20 粒状良好的铜粉	适用于具有与金属注塑膜性能相当的注塑模
	DirectMetal 粒状良好的合金粉	适用于注塑模以及直接制造金属零件
	ABS	适用于功能件及测试件
	PA3200/2200	适用于功能件及原型件
	PC	适用于功能件及测试件
3D Systems	DuraForm PA PA 粉末	适用于功能件及测试件,热化学稳定性优良
	DuraForm GF PA＋玻璃微珠复合	适用于小特征功能及测试件,热化学性能优良耐腐蚀
	DuraForm EX	适用于制作扣合型开关等功能件,耐弯折、冲击力,力学性能优良
	DuraForm Flex	适用于制作类橡胶韧弹性体,可经受重复弯折,耐撕裂性好,可染色
	DTM PC PC 粉末	热稳定性良好,可用于精密铸造
	TrureForm Polymer PS 粉末	适用于制作消失模,尺寸稳定,表面光洁
	SandForm Si 覆膜硅砂	适用于砂型制作
	RapidSteel 1.0/2.0 覆膜钢粉	适用于功能零件或金属膜制作
	SandFormZrll 覆膜锆砂	适用于砂型制作
华中科技大学	覆膜砂 HBI-HB3 系列 PA,PS 粉末	适用于砂型制作,熔模制造,原型制造
北京隆源自动成型系统有限公司	覆膜陶瓷及塑料粉末 PS、ABS 粉末	适用于熔模制造、原型制造
中北大学	覆膜金属覆膜陶瓷精铸腊粉基于尼龙的原型烧结粉末	适用于金属模具制造、精铸熔模制造及原始制造

2.5.3.2   选择性激光烧结快速成型设备

早在 1986 年，美国得克萨斯大学奥斯汀分校的 Carl Deckard 就在他的硕士论文中提出了 SLS 的设想。同年，SLS 的初始机型问世，但很快就被湮没在历史中。而后在 1992 年，Cearl Deckard 所组建的 DTM 公司推出了 SLS 工艺的商业化生产设备 SinterStation，真正做到了 SLS 工艺的产业化，并于 1992 年、1996 年及 1999 年逐步推出了 SinterStation 2000、SinterStation 2500 和 SinterStation 2500＋机型，如图 2-94 和图 2-95 所示。

图 2-94　DTM 公司的 SinterStation 2000 机型

其中，SinterStation 2500Plus 机型的成型体积比 SinterStation 2000 机型增加了 10％，并通过对加热系统的优化，减少了辅助时间，提高了成型速度。

在材料方面，DTM 公司每年有数种新产品问世，如表 2-11 所示。其中用 DuraForm GF 材料生产的制件，精度更高，表面更光滑；DTM Polycarbonate 和 Copper Polyamide，主要用于制作小批量的注塑件；而用 RapidSteel 2.0 不锈钢粉制造的模具，可用于生产 10 万件的注塑件，且收缩率只有 0.2％，其制件可以达到较高的精度和较低的表面粗糙度，几乎不需要后续的抛光处理。

图 2-95　DTM 公司的 SinterStation 2500 机型

表 2-11　　　　　　　　　　DTM 公司开发的部分 SLS 用成型材料

材料型号	材料类型	使用范围
Dura Form Polyamide	聚酰胺粉末	概念性和测试性制造
Dura Form GF	添加玻璃珠的聚酰胺粉末	能制造微小特征，适合概念性和测试性制造
DTM Polycarbanate	聚碳酸酰粉末	消失模制造
True Form Polymer	聚苯乙烯粉末	消失模制造
Sand Form Si	覆膜硅砂	砂型（芯）制造
Sand Form ZR Ⅱ	覆膜锆砂	砂型（芯）制造
Copper Polyamide	铜/聚酰胺复合物	金属模具制造
RapidSteel 2.0	聚膜钢粉	功能零件或金属模具制造

在国内，也有很多家机构在进行 SLS 的研究。华中科技大学的 HRPS-ⅧA 激光粉末

烧结快速成型机（如图 2-96 所示），在选择性激光烧结成型（SLS）技术方面有着独特之处。

图 2-96 HRPS-ⅧA 激光粉末烧结快速成型机

硬件方面，如表 2-12 所示。

表 2-12 激光烧结成型（SLS）技术硬件特点

名　称	特　点
扫描系统	国际著名公司的振镜模式动态聚焦系统,速度快(最大扫描速度为 4m/s)且精度高(激光定位精度小于 50μm)
激光器	美国 CO_2 激光器,稳定性好,可靠性高、模式好,使用寿命长、功率稳定、可更换气体、性价比高
新型送粉系统	减少烧结辅助选时间
排烟除尘系统	及时充分地排除烟尘,防止烟尘影响烧结过程和工作环境
工作腔结构	全封闭式,防止粉尘和高温影响设备关键元器件

软件方面，如表 2-13 所示。

表 2-13 激光烧结成型（SLS）技术软件特点

名　称	特　点
切片模块	HRPS-STL(基于 STL 文件)模块和 HRPS-PDSLice(基于直接切片文件)模块
数据处理	STL 文件识别及重新编码,容错及数据过滤切片,STL 文件可视化和原型制作实时动态仿真功能
工艺规划	多种材料烧结工艺模块(包括烧结参数,扫描方式和成型方向等)
安全监控	设备和烧结过程故障自诊断,故障自动停机保护

华中科技大学所开发的金属粉末熔化快速成型系统，目前有 HRPM-Ⅰ和 HRPM-Ⅱ两种型

号，可直接用于制作各种复杂、精细结构的金属件和具有随形冷却水道的注塑模、压铸模等金属模具，材料利用率高，其中 HRPM-II金属粉末熔化快速成型机，如图 2-97 所示。

图 2-97　HRPM-II金属粉末熔化快速成型机

国内外的选择性激光烧结快速成型设备在加工尺寸、层厚、激光光源等方面都有着各自的特点，如表 2-14 所示。

表 2-14　　　　　　　　　　选择性激光烧结快速成型设备特点

型号参数	研制单位	加工尺寸/mm	层厚/mm	激光光源	激光扫描速度（m/s）	控制软件
Vanguard si2 SLS	3D System（美国）	370×320×445	—	25 or 100WCO$_2$	75(标准) 10(快速)	VanguandH Ssi2^{TM}SLS$^®$system
Sinrerstation 2500plus	DTM(美国)	368×318×445	0.1014	50WCO$_2$	—	
Sinrerstation 2000		304.8×381	0.0762～0.508	50WCO$_2$	—	
Sinrerstation 2500		350×250×500	0.07～0.12	50WCO$_2$	—	
Eosint S750	EOS（德国）	720×380×380	0.2	2×100WCO$_2$	3	EosRPtools MagicsRP Expert series
Eosint M250		250×250×200	0.02～0.1	200WCO$_2$	3	
3Eosint P360		340×340×620	0.15	50WCO$_2$	3	
5Eosint P700		700×380×580	0.15	50WCO$_2$	5	
AFS—320MZ	北京龙源自动成型系统有限公司	320×320×435	0.08～0.3	50WCO$_2$	4	AFS Control2.0
HRPS—III	华中科技大学	400×400×500	—	50WCO$_2$	4	HPRS 2002

2.5.4　选择性激光烧结的工艺过程

选择性激光烧结的工艺过程根据材料的不同可分为高分子粉末材料烧结工艺、金属零件间接烧结工艺、金属零件直接烧结工艺和陶瓷粉末烧结工艺。其中高分子粉末材料烧结工艺使用最为广泛，因此这里对其进行详细介绍。

2.5.4.1　高分子粉末材料烧结工艺

高分子粉末材料烧结一般可以分为前处理、粉层激光烧结叠加以及后处理三个阶段。

（1）前处理

前处理阶段主要是利用 UG、Pro/E、Catia 等软件完成模型的三维 CAD 造型，并通过 STL 数据转换将模型转换成 STL 格式的数据文件，再将模型 STL 格式的数据文件导入特定的分层软件中进行分层处理，最后将分层数据输入到粉末激光烧结快速成型系统中。

（2）粉层激光烧结叠加

粉末激光烧结快速成型系统会根据接收到的数据，在设定的工艺参数下，自动完成原型的逐层粉末烧结叠加。与其他快速成型工艺相比较而言，SLS 工艺中成型区域温度的控制是比较重要的。

加工开始前，需要对成型空间进行顶热，对于 PS 高分子材料，预热温度需要达到 100℃左右，在预热的过程中需要根据原型的结构特点确定制作方位。当摆放位置确认后，将状态调整为加工状态，然后进行层厚、激光扫描速度和扫描方式、激光功率、烧结间距等工艺参数的设置。当成型区域的温度达到预定值时，便可开始加工。

在加工过程中，为确保制件烧结质量，减少翘曲变形，需要根据截面的变化，相应地调整粉料预热的温度。当所有叠层自动烧结叠加完毕后，需等待原型部分充分冷却，再取出原型进行后处理。

（3）后处理

激光烧结后的 PS 原型件，本身的力学性能是比较低的，表面的光洁度也比较低，既不能满足作为功能件的要求，也不能满足精密铸造的要求。因此。需要对 PS 原型件进行一定的后处理才能在各种场合使用。一般的工艺分为两种：一种是对 PS 原型件进行树脂处理，提高原型件的强度使其可以用于功能型测试零件；另一种就是使用铸造蜡进行处理提高制件的表面光洁度和强度，经过浸蜡处理的制件可作为蜡模直接用于精密铸造。

2.5.4.2　金属零件间接烧结工艺

金属零件间接烧结工艺的过程主要分为三个阶段：SLS 原型件的制作、粉末烧结件的制作和金属熔渗后处理。SLS 原型件制作阶段的关键在于选用合理的粉末配比和加工工艺参数的匹配；粉末烧结件制作阶段的关键在于烧结温度和时间的控制；而金属熔渗后处理阶段的关键在于选用合适的熔渗材料及工艺。

2.5.4.3　金属零件直接烧结工艺

基于 SLS 工艺的金属零件直接制造工艺流程如图 2-98 所示。

2.5.5　选择性激光烧结工艺参数

制件的精度和强度在很大程度上受选择性激光烧结工艺参数的影响，其中激光和烧结工艺参数，如激光功率、扫描速度、方向和间距、烧结温度、烧结时间以及层厚度等都可能导致烧结体的收缩变形、翘曲变形甚至开裂。

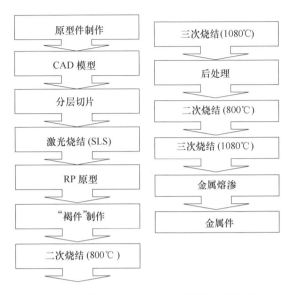

图 2-98 基于 SLS 工艺的金属零件制造过程

图 2-99 基于 SLS 工艺的金属零件直接制造工程

2.5.5.1 激光功率

（1）随着激光功率的增加，尺寸误差向正方向增大，在厚度方向尺寸误差的增大趋势要比长宽方向的大。由于激光的方向性，导致热量只延着激光束的方向进行传播，所以随着激光功率的增大，在厚度方向即激光束的方向，更多的粉末烧结在一起。

（2）在激光功率增大时，强度也会随着增大。当激光功率比较低时，粉末颗粒只是边缘熔化而黏结在一起，颗粒之间存在大量的间隙，使得强度不会很高；但是激光功率过大会加剧因熔固收缩而导致制件翘曲变形。

2.5.5.2 激光烧结间距和光斑直径的确定

（1）当烧结间距过大，烧结的能量在平面上的每一个烧结点的均匀性降低，激光光斑中间温度高、边缘温度低，导致中间部分烧结密度高，边缘烧结不牢固，使烧结制件的强度减小。

（2）当烧结间距过小，制件的成型效率将会严重减低。

2.5.5.3 扫描速度

（1）在扫描速度增大时，尺寸误差向负误差的方向减小，强度减小。

（2）在扫描速度增大时，单位面积上的能量密度减小，相当于减小了激光功率，因此扫描速度对制件尺寸精度和性能的影响正好与激光功率的影响相反。

2.5.5.4 单层厚度

（1）随着单层厚度的增加，烧结制件的强度减小。

（2）随着单层层厚的增加，需要熔化的粉末增加，向外传递的热量减少，使得尺寸误差向负方向减小。

（3）单层层厚对成型效率有很大的影响，单层层厚越大，成型效率越高。

2.5.6　选择性激光烧结的特点及应用

2.5.6.1　SLS 技术的特点

SLS 技术在实际应用中有优点也有缺点，如表 2-15 所示，在选择时需要综合考量。

表 2-15　　　　　　　　　　　　　　　　SLS 技术优缺点

优点	材料的多样性	缺点	原型制作易变形
	过程易操作		后处理复杂
	材料利用率高		需要预热、冷却
	无需支撑结构		成型表面粗糙多孔
	模具的强度极高		污染环境

2.5.6.2　SLS 技术的应用

经过几十年的发展，SLS 技术已经在汽车、造船、航天和航空等领域得到了诸多应用，并为传统制造业带来了技术革新。总的来说，SLS 工艺可以应用于以下一些场合：

（1）快速原型制造　可快速制造设计零件的原型，及时进行评价、修正，以提高产品的设计质量；使客户获得直观的零件模型；制造教学、实验用的复杂模型。

（2）快速模具和工具制造　将 SLS 制造的零件直接作为模具使用，如砂型铸造用模、金属冷喷模、低熔点合金模等，也可将成型件经后处理后作为功能性零部件使用。

（3）单件或小批量生产　对于那些不能批量生产或形状很复杂的零件，利用 SLS 技术来制造，可降低成本和节约生产时间，这对航空航天及国防工业具有重大意义。

如图 2-100、图 2-101、图 2-102 所示的制件就是应用选择性激光烧结技术而制成的产品。

图 2-100　翼龙模型

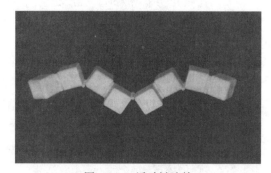

图 2-101　活动链连接

2.5.7　案例：球的制作

（1）前处理

① 利用三维造型软件 UG 6.0 进行三维球模型的设计，如图 2-103 所示，然后将其导出

为 STL 格式的文件。

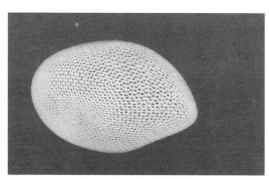

图 2-102　多网络模型

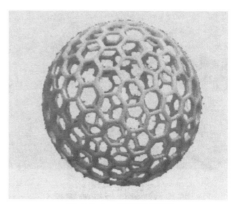

图 2-103　三维球模型

② 三维模型的切片处理

将球的 STL 文件导入切层软件中进行切层处理，具体步骤如下：

a. 导入零件，如图 2-104 所示。

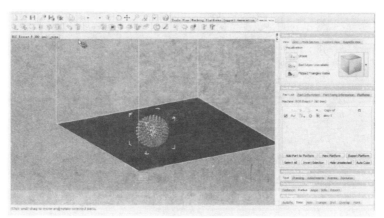

图 2-104　零件的导入

b. 调整零件位置，如图 2-105 所示。

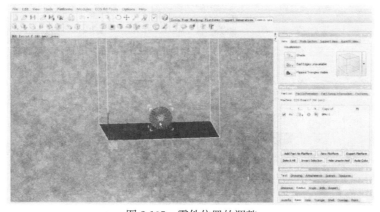

图 2-105　零件位置的调整

c. 保存 STL 文件，如图 2-106 所示。

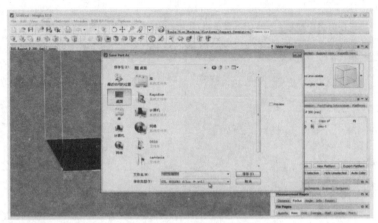

图 2-106　STL 文件的保存

d. 利用特定软件进行数据切层，如图 2-107 所示。

图 2-107　数据切层

（2）分层叠加过程

将保存的切片数据导入到 SLS 设备里，开始打印（事先预热），如图 2-108 所示。

图 2-108　分层叠加

（3）后处理

① 原型部分充分冷却（如图 2-109 所示）后，将其拿出。

图 2-109　原型的冷却

② 将其放到后处理工作台上，取出原型，如图 2-110 所示。

图 2-110　原型的取出

③ 去除多余粉末，得到制件，如图 2-111 所示。

图 2-111　成型制件

2.6　激光选区融化 SLM

选区激光熔化（SLM）技术和选区激光烧结（SLS）技术是快速成型（RP）技术的重要组成部分。它是近年来发展起来的快速制造技术，相对其他快速成型技术而言 SLM 技术更高效、更便捷，开发前景更广阔，它可以利用单一金属或混合金属粉末直接制造出具有冶金结合、致密性接近 100%、具有较高尺寸精度和较好表面粗糙度的金属零件。SLM 技术综合运用了新材料、激光技术、计算机技术等前沿技术，受到国内外的高度重视，成为新时代极具发展潜力的高新技术。如果这一技术取得重大突破，将会带动制造业的跨越式发展。

2.6.1　SLM 基本原理

2.6.1.1　SLM 基本原理与特点

选区激光熔化（SLM）成形技术的工作原理与选区激光烧结（SLS）类似。其主要的不同在于粉末的结合方式不同，SLS 通过低熔点金属或黏结剂的熔化把高熔点的金属粉末或非金属粉末黏结在一起的液相烧结方式，SLM 技术是将金属粉末完全熔化，因此其要求的激光功率密度要明显高于 SLS。为了保证金属粉末材料的快速熔化，SLM 技术需要高功率密度激光器，光斑聚焦到几十微米。SLM 技术目前都选用光束模式优良的光纤激光器，激光功率从 50W 到 400W，功率密度达 $5 \times 10^6 \, \text{W/cm}^2$ 以上。图 2-112 为 SLM 技术成型过程获得三维金属零件效果图。

选区激光熔化（SLM）的原理示意图，如图 2-113 所示。首先，通过专用的软件

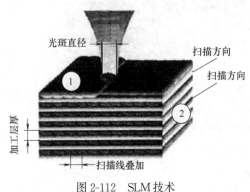

图 2-112　SLM 技术

对零件的 CAD 三维模型进行切片分层，将模型离散成二维截面图形，并规划扫描路径，得到各截面的激光扫描信息。在扫描前，先通过刮板将送粉升降器中的粉末均匀地平铺到激光加工区，随后计算机将根据之前所得到的激光扫描信息，通过扫描振镜控制激光束选择性地熔化金属粉末，得到与当前二维切片图形一样的实体。然后成型区的升降器下降一个层厚，重复上述过程，逐层堆积成与模型相同的三维实体。

SLM 技术具有以下几个方面的优势：

（1）直接由三维设计模型驱动制成终端金属产品，省掉中间过渡环节，节约了开模制模的时间。

（2）激光聚焦后具有细小的光斑，容易获得高功率密度，可加工出具有较高尺寸精度（达 0.1mm）及良好表面粗糙度（Ra 为 $30\sim50\mu m$）的金属零件。

（3）成型零件具有冶金结合的组织特性，相对密度能达到近乎 100%，力学性能可与铸锻件相比。

（4）SLM 适合成型各种复杂形状的工件，如内部有复杂内腔结构、医学领域具有个性化需求的零件，这些零件采用传统方法无法制造出。

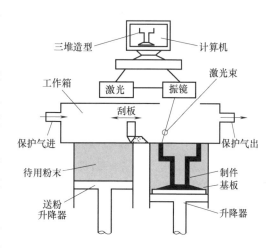

图 2-113　SLM 原理示意图

2.6.1.2　SLM 成型高质量金属零件关键点

由于成型材料为高熔点金属材料，易发生热变形，且成型过程伴随飞溅、球化现象，因此，SLM 成型过程工艺控制较困难，SLM 成型过程需要解决的关键技术主要包括以下几个方面：

（1）材料　SLM 技术应用中材料选择是关键。虽然理论上可将任何可焊接材料通过 SLM 方式进行熔化成型，但实际发现其对粉末的成分、形态、粒度等要求严格。研究发现合金材料（不锈钢、铁合金、镍合金等）比纯金属材料更容易成型，主要是因为材料中的合金元素增加了熔池的润湿性或者抗氧化性，特别是成分中的含氧量对 SLM 成型过程影响很大。球形粉末比不规则粉末更容易成型，因为球形粉末流动性好，容易铺粉。

（2）具备良好光束质量的激光光源　良好的光束质量意味着可获得细微聚焦光斑，细微的聚焦光斑对提高成型精度十分重要。由于采用细微的聚焦光斑，成型过程采用 $50\sim200W$ 激光功率即可实现几乎所有金属材料的熔化成型，并且可有效减小扫描过程的热影响区，避免大的热变形。细小的聚焦光斑也是能成型精细结构零件的前提。

（3）精密铺粉装置在 SLM 成型过程中，需保证当前层与上一层之间、同一层相邻熔道之间具有完全冶金结合。成型过程会发生飞溅、球化等缺陷，一些飞溅颗粒夹杂在熔池中，使成型件表面粗糙，而且一般飞溅颗粒较大，在铺粉过程中，飞溅颗粒直径大于铺粉层厚，导致铺粉装置与成型表面碰撞。碰撞问题是 SLM 成型过程中经常遇到的不稳定因素。因此，不同于 SLS 技术，SLM 技术需用到特殊设计的铺粉装置，如柔性铺粉系统、特殊结构刮板等。SLM 工艺对铺粉质量的要求是：铺粉后粉床平整、紧实，且尽量薄。

（4）气体保护系统　由于金属材料在高温下极易与空气中的氧发生反应，氧化物对成型质量具有非常大的消极影响，使得材料润湿性大大下降，阻碍了层与层之间、熔道之间的冶金结合能力。SLM成型过程须在具有足够低含氧量的保护气氛围中进行。根据成型材料的不同，保护气可以是氩气或成本较低的氮气。SLM成型过程涉及几个自由度轴或电机的协调运动，特别是铺粉装置采用传送带方式带动，导致成型室内密封性有一定的难度。

（5）合适的成型工艺　如上所述，SLM成型过程中经常会发生飞溅、球化、热变形等现象，这些现象会引起成型过程不稳定、成型组织不致密、成型精度难以保证等问题。合适的成型工艺对实现金属零件SLM直接快速成型十分重要，特别是激光功率与扫描速度的比值，决定了材料是否熔化充分。能量输入大小决定了粉末的成型状态，包括气化、过熔、熔化、烧结等，只有获得优化的能量输入条件，配合合理的扫描间距与扫描速度，才能使材料得到充分融化。

2.6.1.3　影响SLM成型质量的因素

国外研究工作者总结发现，影响SLM成型效果的影响因素达到130个之多，而其中有13个因素起决定作用。作者根据自身经验，将影响SLM成型质量的因素分为6大类，包括：材料（成分、松装密度、形状、粒度分布、流动性等），激光与光路系统（激光模式、波长、功率、光斑直径、光路稳定性），扫描特征（扫描速度、扫描方法、层厚、扫描线间距等），环境因素（氧含量、预热温度湿度），几何特性（支撑添加、几何特征、空间摆放等），机械因素（粉末铺展平整性、成型缸运动精度、铺粉装置的稳定性等）。考察SLM成型件的指标，主要包括致密度、尺寸精度、表面粗糙度、零件内部残余应力、强度与硬度6个，其他特殊应用的零件需根据行业要求进行相关指标检测。图2-114中列出SLM成型过程的主要缺陷（球化、翘曲变形、裂纹）、微观组织特征和目前SLM技术所面临的最大挑战：成型效率、可重复性、可靠性（设备稳定性），这三个挑战也是RM行业其他快速直接制造方法所面临的最大挑战。在上述影响SLM成型质量的因素中，有些不需要再进行深入

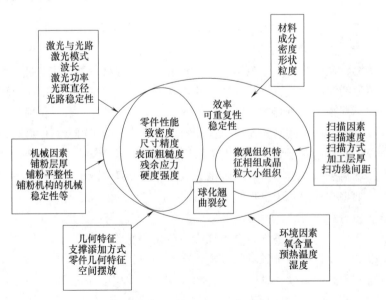

图2-114　影响SLM的因素

研究，因为它们在所有的快速成型工艺中具有同样的影响，如扫描线间距和铺粉装置的稳定性。然而，另外一些变量需要根据材料不同而作出调整，在没有相关研究经验存在的情况下，需要从实验上去推断这些影响因素对 SLM 方法直接成型金属质量的影响。本书根据前期的加工经验总结了试验过程中一些细节因素对成型质量的影响，具体包括如下几个方面：

（1）铺粉装置的设计原理、铺粉速度、铺粉装置下沿与粉床上表面之间的距离、铺粉装置与基板的水平度。

（2）粉末加工次数、粉末是否烘干及粉末氧化程度。

（3）加工零件的尺寸（包括 X，Y，Z 三个方向）、立体摆放方式、最大横截面积、成型零件与铺粉装置中压板或柔性齿的接触长度。

在成型的过程中，这些细节因素如果控制不好，成型的零件质量降低，甚至成型过程中需要停机，实验的稳定性、可重复性得不到保证。

2.6.2 SLM 研究现状

2.6.2.1 SLM 工艺研究现状

（1）国外研究现状 从公开的文献可以看到 Kruth 等人研究的混合粉末（Fe，Ni），经过对该混合粉末的成型工艺的研究，在对激光与粉末的层堆积制造凝固现象进行说明的同时，使用优化参数所成型的金属零件的相对致密度最大可达 91%，最大抗弯强度为 630MPa，直接成型不经过任何后续处理的成型件表面粗糙度达 Ra 为 $10\sim30\mu m$。Thjis 等人针对 TiA16V4 材料，研究了成型扫描策略和扫描工艺参数对成型零件显微组织的影响，最终零件致密度优化达到 99.6%。

Rombouts 等人研究了单质化学元素，如氧、碳、硅、铁和铜对铁基材料成型质量的影响。这些化学元素影响了一些物理现象，比如激光吸收、热传导、熔化的润湿和散布、氧化、对流等。

Osakada 等人用 SLM 制造的镍基合金、铁基合金和纯铁金属零件作为分析工具，模拟了单层粉末熔化过程中应力分布情况，对镍基模具、纯铁骨和牙冠成型，采用后处理改善性能。

Thijs，Lore 等人采用 KULeuven 开发的 PMA 设备（333WIPG 光纤），通过特殊工艺，如短扫描线、高温梯度、局部扫描策略等方式获取了不同 Ti6A14V 的特殊微观结构。Buchbinder 等人针对 SLM 成型效率低的问题，研究了如何提高铝合金 AlSi10Mg 的成型效率，发现通过 1kW 激光器扫描时，致密度可以达到 99.5%，成型效率由原来的 $5mm^3/s$ 提高到了大约 $21mm^3/s$。同时硬度值为 145HV，强度大约为 400MPa，可以为轻量化结构提供足够的强度。

Ph. Bertrand 研究了 SLM/SLS 方法成型纯氧化钇、氧化锆陶瓷，分析了陶瓷粉末材料的物理性能以及成型工艺参数与扫描策略对成型质量的影响。

此外研究人员针对多种材料的送粉方式、不同组元材料之间的结合特性进行了初步研究，期望获得可控梯度材料。如图 2-115 所示，对多种材料复合研究的关键是如何保证多种组元材料粉末准确地预置到指定位置。目前通过 SLM 方法成型梯度材料的研究还停留在简单的分层或者分区方法上，并不能够获得复杂或任意分布复合梯度零件。

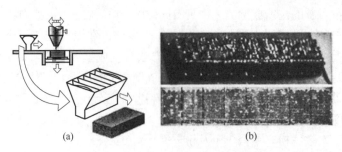

图 2-115　多组分材料 SLM 成型梯度材料
(a) X 方向上多组分材料送料装置　(b) 多组分材料成型效果

（2）国内研究现状　国内的华南理工大学、南京航空航天大学、华中科技大学等前期在材料工艺方面进行了研究。华南理工大学对铁基合金、铜基合金、镍基合金以及铁合金等材料成型的致密度和力学性能进行了拓展研究，目前典型材料包括 316L 不锈钢、Co212、Ti6Al4V、铜基粉末。在工艺上，通过工艺参数调控以及闭环反馈等提高成型质量，同时针对激光选区熔化成型中常出现的不完全熔化、球化、翘曲变形三种现象进行成因分析及改善方法。通过进行一系列的工艺实验，进一步探讨成型工艺，最终提出适合于激光选区熔化成型的工艺方案，即：采用具有细微聚焦光斑的中低功率激光束，以合适的扫描策略、合适的扫描工艺参数，熔化选区内的金属粉末，可以直接制造高致密性金属功能件。此外南京航空航天大学顾冬冬也对多组分 Cu 基合金粉末（Cu-Cu10Sn-Cu8.4P）的关键工艺和基础理论以及亚微米 WC-Co 颗粒增强 Cu 基块体复合材料的成型工艺、冶金机制及基础理论进行了研究。

2.6.2.2　SLM 设备研究现状

在国外，"第三次工业革命"的潮流兴起，SLM 技术正成为研究的热点，德国、法国、日本等国家在这方面研究起步较早，技术较成熟。目前国外 SLM 设备生产商扎堆在德国。其中第一台 SLM 设备由德国 Fockele and Schwarze（F&S）与德国弗朗霍夫研究所（Fraun-hofer，ILT）合作研发的，主要使用不锈钢粉末材料。2004 年，F&S 与原 MCP（现为 MTT 公司）一起发布了第一台商业化选区激光熔化设备 MCPRealizer250，后来升级为 SLMRealizer250，在 2005 年，高精度 SLMRealizer100 研发成功。自从 MCP 发布了 SLMRealizer 设备后，其他设备制造商（Trumph，EOS 和 ConceptLaser）也以不同名称发布了他们的设备，如直接金属烧结（DMLS）和激光熔融（LC），SLM 是这些工艺的泛称。Concept Laser 公司 2001 年发布了 M3Linear 以及 MlCusing，2010 年，用于加工活性铝合金、铁合金材料的 M2Cusing 系统面世。2003 年，EOS 发布了 DMLSEOSINTM270，也是目前金属成型最常见的装机机型，2011 年，EOSINTM280 开始销售。2008 年，3DSystems 与 MTT 在北美合作销售 SLM 设备。在 2008 年 9 月，MTT 发布了他们的新版设备 SLM250 和 SLM125。2010 年 MTT 公司部分被英国 Renishaw 收购，推出了 AM250、AM125 两款改良机器。MTT 在德国的部分又分出 SLMSolutions 和 RealizerGmbH 公司。同时法国 Phenix（F）公司也以 Laser Sintering 工艺（实际上也是 SLM）推出 PXL、PXM、PXS 三款设备，目前该公司已经被 3DSystem 收购。日本松浦机械（MATSUURA）也于 2010 年推出了金属光造型复合加工机 LUMEXAvance25，该机也整合了 SLM 工艺与刀削加工工艺。

国内商品化的 SLM 设备尚未推出，目前主要以华南理工大学与华中科技大学研究为主。华南理工大学先后自主研发了 Dimetal-240（2004）、Dimetal-280（2007 年）、Dimetal-100（2012 年）三款设备，其中 Dimetal-100 已经预商业化，在设备研发方面处在国内领先。表 2-16 为目前国内外几种 SLM 设备参数。

表 2-16　　　　　　　　　　　　　　几种 SLM 设备参数对比

公司	设备	激光器	成型范围/(mm×mm×mm)	光斑直径/μm
EOS	EOSING M280	200W fiber laser	250×250×325	100～500
SLM solutions	SLM 100HL	100W fiber laser	100×100×125	30～50
	SLM 250HL	100W fiber laser	250×250×240	50～100
	SLM 280HL	200W fiber laser	280×280×350	70～200
	SLM 500HL	400+1000 fiber laser	500×280×325	70～500
Renishaw	AM250	200W fiber laser	250×250×300	70～200
	Miah Cusing	SOOW fiber laser	120×120×120	30～50
	M2 Cusing	200W fiber laser	250×250×280	50～200
Concept Laser	M3 Cusing	200W fiber laser	300×350×300	70～300
	X line1000R	1000 fiber laser	630×400×500	100～500
	Dimetal 280	200W fiber laser	280×280×325	70～150
华南理工大学	Dimetal 100	200W fiber laser	100×100×125	70～150

2.6.2.3　SLM 材料研究现状

材料研究是选区激光熔化（SLM）技术/直接金属激光烧结（DMLS）技术最重要和关键技术之一，包括研究材料成分控制、激光与不同材料的作用机理、材料加热熔化与冷却凝固动态过程、微观组织的演变（包括孔隙率和相转变）、熔池内因表面张力影响造成的流动和材料间的化学反应等。

商品化的 SLM/DMIβ 金属粉末主要包括青铜基金属、不锈钢、工具钢、Co-Cr 系列、Ti 系列、铝合金、镍合金等金属粉末。根据国外多家商品化设备公司已公开的信息，目前在市场上应用最多的是奥氏体不锈钢、工具钢、Co-Cr 合金和 Ti6A14V 等粉末。上述材料通过 SLM/DMLS 成型，获得的致密度近乎 100%，力学性能可与铸锻件相比。目前科研型材料主要包括激光烧结陶瓷材料、梯度材料等。Bertrand 研究了 SLM/SLS 方法成型纯氧化钇、氧化锆陶瓷，分析了陶瓷粉末物性、成型工艺参数与扫描策略对成型质量的影响。

2.6.3　SLM 技术的应用

SLM 作为一种精密金属增材制造技术，目前的研究仍集中在复杂几何形体的设计以及个性化、定制化制造，如航空部件、刀具模具、珠宝首饰及个性化医学生物植入体制造、机械免组装件等，SLM 技术在这些方面其具有独特的优势。

2.6.3.1　多孔功能件

多孔结构可用来做超轻航空件、热交换器、骨植入体等。Basalah，Ahmad 等人也研究了 SLM 成型铁合金的微观多孔结构，孔隙率在 31%～43%，与皮质骨空隙率相当，机械性能抗压强度在 56～509MPa，并且结构收缩率较低，仅为 1.5%～5%，适合用作骨植入体。

YadroitsevI 采用 PHENIXPM-100 成型设备，以 904L 不锈钢为材料，采用 50W 的光纤激光器，成型了系列薄壁零件，壁厚最小为 $140\mu m$，并以 316L 不锈钢为材料，成型了具有空间结构的微小网格零件。Reinhart，Gunther 等人研究指出增材制造借助其高度几何自由的优势为轻量化功能件制造提供了有力手段。在研究中采用周期性的多孔结构与拓扑优化结构，两者性能同样良好，但是多孔结构刚度降低，并通过扭矩加载实验得到验证。

为了获得预设计的多孔结构成型效果，国内研究人员在优化成型工艺基础上，须逐步解决实体零件成型的极限成型角度、SLM 成型的几何特征最小尺寸、设计适合于 SLM 工艺的单元孔和多孔结构成型等问题。

2.6.3.2　牙科产品

在牙科领域，3TRPD 公司采用 3TFrameworks（3TRPD，Berkshire）生产商业化的牙冠牙桥。采用 3MLavaScanST 设计系统（3MEP 钮，UK）和 EOSM270（EOS GmbH）来提供服务，周期仅为三天。Bibb 等人报告成型可摘除局部义齿（RPD），这表明从病人获取扫描数据后自动制造 RPD 局部义齿是可行的，但是尚未商业化。国内如进达义齿等相关企业已经购置德国设备用于商业化牙冠牙桥直接制造，1 台设备即可替代月产万颗的人工生产线。国内在前期研究中也针对患者每一个牙齿反求模型，然后通过 SLM 技术直接制造个性化牙冠、牙桥、舌侧正畸托槽。图 2-116 为使用 3DSystems 公司金属 3D 印机生产的牙科产品。

图 2-116　3D 金属牙科产品

2.6.3.3　植入体

Kruth 以及 Vanderbrouke 研究了生物兼容性金属材料成型医疗器械的可能性（如植入体）。Ruffo 研究发现，SLM 制造植入体表面多孔可控，类似多孔的结构可以促进与骨的结合，并在 2008～2009 年的 1000 多例手术中，反馈效果极好。Tolochko 通过改变 SLM 的激光功率（60～100W），制造梯度密度（全熔、烧结）的牙根植入体。在美国，SLM 制造 3 级医疗植入体已经符合 ISO 13485 标准，这意味着对医疗器械的设计与制造需要一个综合管理系统。此外，Sercombe 等人研究显示，在欧洲、澳大利亚、北美（美国除外）一些高风险医疗器械，如铁合金、钴铅合金已经开始在人体上使用。国内市场植入体大多依据欧美白种人设计，对我国人民来说个体适配性差，华南理工大学与北京大学医学部正在探索国人个性化植入体金属 SLM 直接制造。此外国内一些医疗器械企业也开始研究并主导个性化植入体直接制造产业化工作。

2.6.4　SLM 技术发展展望

2.6.4.1　网状拓扑结构轻量化设计制造

选区激光熔化成型技术的发展使得网状拓扑结构轻量化设计与制造成为现实。连接结构的复杂程度不再受制造工艺的束缚，可设计成满足强度、刚度要求的规则网状拓扑结构，以此实现结构减重。EADS 为 A380 门支架（Door bracket）的优化结构，如图 2-117 所示，采用网状拓扑优化后在保持原有强度的基础上实现 40% 减重。除此之外，采用选区激光熔化成型技术也可以实现海绵、骨头、珊瑚、蜂窝等仿生复杂网状强化拓扑结构的优化设计与制造，达到更显著的减重效果。

2.6.4.2 三维点阵结构设计制造

与蜂窝夹层板这种典型的二维点阵结构相比，三维点阵结构可设计性更强，比刚度、比强度和吸能性能经过设计可以优于传统的二维蜂窝夹层结构，图 2-118 为三维点阵结构以及点阵夹层结构。受到制造手段的限制，传统制造方法难以实现三维点阵结构的高质量、高性能制造，而基于粉床铺粉的 SLM 技术较为适宜制造这类复杂的空间结构。制备不同材料、不同结构特征的空间点阵结构是目前 SLM 技术研究的热点之一。

图 2-117　门支架（Door bracket）的优化结构

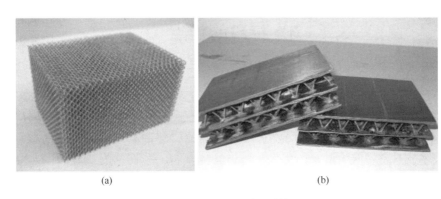

(a)　　　　　　　　　　　　　(b)

图 2-118　3D打印复杂结构

(a) 三维点阵结构　(b) 点阵夹层结构

2.6.4.3 陶瓷颗粒增强金属基复合材料结构一体化制造

陶瓷颗粒增强金属基复合材料具有良好的综合性能。目前，制备方法有很多种，例如粉末冶金、铸造法、熔渗法和自蔓延高温合成法等。但是由于陶瓷增强颗粒与金属基体之间晶体结构、物理性质以及金属/陶瓷界面浸润性差异的影响，采用常规方法容易导致成型过程中增强颗粒局部团聚或界面裂纹。选区激光熔化制备过程中温度梯度大（$7 \times 10^6 \mathrm{K/s}$），冷却凝固速度快，可使金属基体中颗粒增强项细化到纳米尺度，且在金属基体内呈弥散分布，可以有效约束金属基体的热膨胀变形，克服界面裂纹。此外，选区激光熔化成型可以在材料制备的同时完成复杂结构的制造，实现材料-结构的一体化制造。

第3章

多才多艺的3D打印

3.1 3D 打印的优点

3D 打印机与传统的制造设备的不同之处，在于其不像传统制造设备那样通过切割或模具塑造来制造物品。3D 打印机通过层层堆积的方式来形成实体物品，恰好从物理的角度扩大了数字概念的范畴。当人们要求具有精确的内部凹陷或互锁部分的形状设计时，3D 打印技术便具备了与生俱来的优势。通过具体分析，我们认为 3D 打印技术至少包含了以下六个方面的优势。

（1）高复杂度、多样化物品的生产将不会增加成本 其实，3D 打印设备制造一个形状复杂的物品与打印一个简单的方块所消耗的成本是相同的。就传统制造而言，物体形状越复杂，制造成本越高。但对于 3D 打印机而言，制造形状复杂的物品其成本并不会相应增长，如图 3-1 所示，制造一个华丽的、形状复杂的物品同打印一个相同体积、简简单单的方块，所消耗的时间、原材料或成本都相差无几。

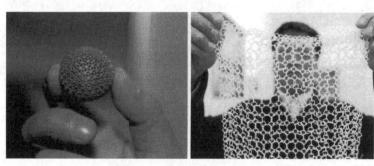

图 3-1 复杂结构一体成型

这种制造复杂物品而不增加成本的打印将从根本上打破传统的定价模式，并改变我们整个制造业成本构成的方式。一台 3D 打印机可以打印的形状，甚至材料都可以有多种，它可以像经验丰富的工匠一样，每次都做出不同形状的物品。而大部分传统的制造设备功能都比较单一，能够做出的形状种类比较有限。3D打印机还将省去技术人员的培养成本和新设备的采购费用，当需生产一款新产品时，并不需要升级设备、培训员工，而只需要导入不同的数字设计文件和一批新的原材料就可以了。

（2）产品无需组装、缩短交付时间　3D打印机还具备着可以使部件一体化成形的特点，这样对减少劳动力和运输方面的花费将有显著地帮助。传统的大规模生产是建立在产业链和流水线基础上的，在现代化工厂中，机器生产出相同的零部件，然后由机器人或工人进行组装。产品组成部件越多，供应链和产品线都将拉得越长，组装和运输所需要耗费的时间和成本就越多。而3D打印由于其生产特点，则可以做到同时打印一扇门以及上面的配套较链，从而可以一体化成形，无需再次组装。3D打印能够实现一体成型这一特点将可以很好地缩短供应链，节省在劳动力和运输方面的大量成本。

同时，3D打印机还可以根据人们的需求按需打印，这样将可以最大程度上减少库存和运输成本。这种即时生产不仅将带来商业模式上的革新，同时其带来的便利也将大大减少企业的实际库存量，使得企业可以根据用户的订单来启动3D打印机，制造出特别的或定制的产品来满足客户需求，这使得许多新的商业模式将成为可能。如果人们所需的物品可以按需就近生产，那么这种零库存、零交付时间的生产方式还将最大限度地减少长途运输成本。供应链越短、库存和浪费则越少，生产制造对社会造成的污染也将越少，这些都将对减少社会污染有着极其显著地帮助。

（3）制作技能门槛降低、设计空间无限　目前在传统制造业中，培养一个娴熟的工人往往需要很长的时间，而3D打印机的出现将可以显著降低生产技能的门槛。通过在远程环境或极端情况下批量生产，以及计算机控制制造，这些都将显著降低对生产人员技能的要求。3D打印机从设计文件中自动分割计算出生产需要的各种指令集，制造同样复杂的物品，3D打印机所需要的操作技能将比传统设备少很多，如图3-2所示。这种摆脱原来高门槛的非技能制造业，将可以进一步引导出众多新的商业模式，并能在远程环境或极端情况下为人们提供新的生产方式。

从制造物品的复杂性来看，3D打印机相比传统制造技术同样具备优势，甚至能制作出目前只能存在于设计之中、人们在自然界未曾见过的形状。传统制造技术和工匠制造的产品形状有限，制造形状的能力受制于所使用的工具。例如，传统的木制车床只能制造圆形物品，轧机只能加工用铣刀组装的部件，制模机仅能制造模铸形状。而3D打印则有望突破这些局限，开辟巨大的设计和制造空间。

（4）不占空间、便携制造　3D打印的优点还在于可以自由移动，并制造出比自身体积还要庞大的物品。就单位生产空间而言，3D打印机与传统制造设备相比，其制造能力和潜力都更加强大。例如，注塑机只能制造比自身小很多的物品，与此相反，3D打印机却可以制造和其打印台一样大的物品。

3D打印机调试好后，打印设备还可以自由移动，打印制造出甚至比自身还要大的

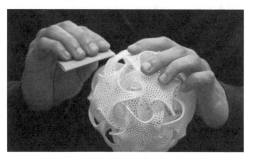

图3-2　传统制造难以制造的物体
被打印机轻松实现

物品。由于其较高的单位空间生产能力，使得 3D 打印机更加适合家用或办公使用，这些都是有赖于 3D 打印机所需物理空间更小这一优势。

（5）节约原材料，并可以多种材料无限组合　相对于传统的金属制造技术来说，3D 打印机制造时产生的副产品更少。传统金属加工有着十分惊人的浪费量，一些精细化生产甚至会造成 90％原材料的丢弃浪费。相对来说，3D 打印机的浪费量将显著减少。随着打印材料的进步，"净成形"制造可能取代传统工艺成为更加节约环保的加工方式。

此外，原材料之间还可以任意组合，将不同原材料结合成单一产品对当今的制造机器而言是一项技术难题，因为传统的制造机器在切割或模具成型过程中难以将多种原材料结合在一起，但 3D 打印机则可以避开这一难题。相信随着多材料 3D 打印技术的发展，我们有能力将不同原材料无缝融合在一起。以前无法混合的原料混合后将形成色调种类繁多、具有独特的属性和功能的全新材料，如图 3-3 所示。

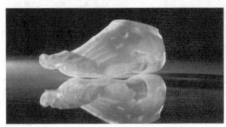

图 3-3　多材料混合的 3D 打印模型

（6）精确的实体复制　传统的黑胶唱片和磁带，往往只能通过实体物理传递来确保信息不被丢失。而数字音乐文件的出现则带来了革命性的变化，使得信息脱离了载体，可以被无休止地精确复制却不会降低音频质量。在将来，3D 打印技术也将在整个生产制造领域，把数字精度延伸到实体世界之中。通过 3D 扫描技术和打印技术的运用，我们可以十分精确的对实体进行扫描、复制操作。扫描技术和 3D 打印技术将共同提高实体世界和数字世界之间形态转换的分辨率，缩小实体世界和数字世界的距离。我们可以扫描、编辑和复制实体对象，创建精确的副本或优化原件，如图 3-4 所示。

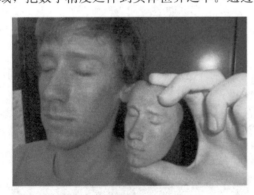

图 3-4　高精度的个性化定制

以上部分优势有的已经得到证实，有的可能会在未来的一二十年成为现实。3D 打印将一次次突破人们熟悉的、历史悠久的传统制造技术的瓶颈，推陈出新，为整个人类社会今后的创新提供一个更加广阔的舞台。

3.2　3D 打印的局限

金无足赤，人无完人。任何新技术都不可能一出现便完美无缺、无所不能，一定既存在优势同时又有缺点，3D打印技术也是如此，除了前面提到的六大优势外，它最少还存在以下三方面的劣势。

（1）材料性能差，产品受力强度低　就现在的科技水平而言，与传统制造业相比，3D打印所制造的产品在很多方面（如强度、硬度、柔韧性、机械加工性等），都与传统加工方式有一定差距。房子、车子固然能"打印"出来，但要能够牢固地驱寒供暖，要能在路上安全可靠地高速行驶，还有很长的路要走。

在之前有发布3D打印能够打印很多实用的机械结构产品，例如从简单的玩具到定制的假肢部件等物品，如图3-5所示，虽然能够打印出来完整的齿轮，但是在使用会出现一些问题，例如结构脆弱、易磨损、齿轮间贴合不紧密等问题。3D打印产品只能满足部分场景使用，对于较为严苛的环境下的部件还是需要用传统工艺来制造，当然这与打印材料有很大关系。

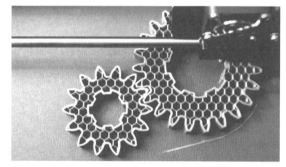

由于3D打印机的制作工艺是层层叠加的增材制造，这就决定了层和层之间即使花结得再紧密，也无法达到传统模具整体浇铸成型的材料性能。这意味着如果在一定外力条件下，特别是沿着层与层衔接处，打印的部件将非常容易解体。虽然现在出现了一些新的金属快速成型技术，但是要满足许多工业需求、机械用途或者进一步机加工的话，

图3-5　3D打印机械齿轮

还不太可能。目前3D打印设备制造的产品也多只能作为原型使用，要达到作为功能性部件的要求还是十分勉强，如图3-6所示。

（2）可供打印的材料有限，且成本高昂　目前可供3D打印机使用的材料只有少数的几种，常用的主要有石膏、无机粉料、光敏树脂、塑料、金属粉末等。如果真要用3D打印机打印房屋或汽车，光靠这些材料还是差得很远的。如果要使用3D打印进行金属材料加工，即使只是一些常见的材料，前期设备投入也普遍都在数百万元以上，其成本高昂可想而知，如图3-7所示。

图3-6　常规3D打印的成品

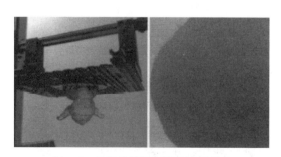

图3-7　昂贵的光敏树脂和金属粉末

用3D打印机进行生产制造，除了前期设备价格高昂之外，在日常工作中也有相当大的投入。比如要制作一个金属的电机外壳，目前打印这种样品的原装金属粉末耗材每千克

都在数万元，甚至数十万元人民币。计算成本时除了成型材料，还需要考虑支撑材料，所以使用高端 3D 打印机打印样品模型时往往都需要耗费数万元。这相比采用传统的工艺方法去工厂开模打样，使得在不考虑时间成本的基础上，3D 打印的优势荡然无存。相信随着 3D 打印技术的日益推广，对原材料需求的增加，将一定程度上拉低常用 3D 打印原材料的价格。目前国产的廉价光敏树脂已经在市场上可以看到，价格也只有国外进口的十分之一甚至几十分之一，但相比传统制造而言，其原材料成本仍然要昂贵许多。

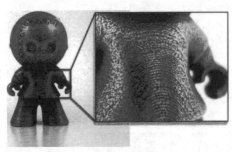

图 3-8　3D 打印成品中普遍存在台阶效应

（3）制造精度问题　由于分层制造存在台阶效应，每个层虽然都分解得非常薄，但在一定微观尺度下，仍会形成具有一定厚度的多级"台阶"，如图 3-8 所示，如果需要制造的对象表面是圆弧形，那么就不可避免地会造成精度上的偏差。

此外，许多 3D 打印工艺制作的物品都需进行二次强化处理，当表面压力和温度同时提升时，3D 打印生产的物品会因为材料的收缩与变形，进一步造成精度降低。

3.3　3D 打印的应用实例：带来的变化以及发展

3D 打印的
行业应用

3.3.1　设计领域

早在 2012 年初，中央美术学院学生宋波纹便成为了中国首个使用 3D 打印技术用于艺术创作的艺术工作者。当时，她用 3D 打印制作的礼帽在比利时设计比赛中获得了亚军。后来又使用 3D 打印机打印出了一系列作品，包括在 2012 年 6 月获得中央美术学院"总统提名"最高奖项的十二水灯系列。图 3-9 是《十二水图》与《十二水灯》的部分作品，主要制作材料为尼龙。在大学期间宋波纹的专业方向是产品设计，学习期间便一直为没能找到很好的设计载体而苦恼。因为按照传统的方法来实现一些比较复杂新颖的设计是非常困难的，而且也"不可能让你尽情地自由发挥，最终只得多方妥协。可是一旦妥协，

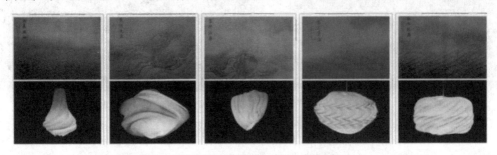

图 3-9　采用尼龙进行打印的部分《十二水图》和《十二水灯》

就做不出来东西了。"直到有一天她在网上无意中发现了 3D 打印技术，在迅速了解到这项技术后，她彻底放弃了从前的设计方法，从一个全新的角度思考设计。

但当时国内关注 3D 打印艺术品的人太少，她只好抱着试试看的心态参加了比赛，至于得奖，也出乎她的意料。她认为组织者主要是看中了作品背后所注入的精神方面的东西，参赛礼帽之所以名为"飞檐"，是因为礼帽上有很多精细的线条，这样模特戴着走秀的时候，线条飞扬，与古代建筑形态的飞檐有着异曲同工之妙。在宋波纹看来，3D 打印技术与她所追求的艺术理念有以下一些共通的地方。

首先是 3D 打印的质感，因为所选用打印的原材料是尼龙，该材料在打印完成的物品中会带有细微的颗粒感，有一种粉末凝结在一起的质感，给人宁静而内敛的感觉。

其次是 3D 打印的过程是种"生长式"的造物方法，一种极其简朴的方式却可以表达出最为丰富的内涵。那些看上去不规则分布在水灯上的波纹，但其实都不是通过用手工的方法描绘，而是经过三维软件的算法计算而来，不是人类的刻意所为，有着类似于大自然的规律——自然生成。另外，3D 打印生产整个过程全部由机器自动完成，最大程度上减少人为的干预，人们不再用手去控制它、改变它，让它回归到某种程度的"天成"。

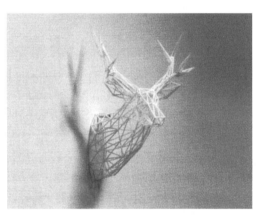

图 3-10　3D 打印给创意一个新的载体

最后，3D 打印还可以让每一件作品都保持独特的个性，如图 3-10 所示。与传统方式不同，3D 打印并不是批量化的生产，在完成每一个物品的制作后，下一个还可以有变化。只需要改变一下软件的算法，下一个产品马上就又是另外一个样子，这也与我们对社会的认识是一样的，世界本就是一个多元的社会，世界上不存在两片完全一样的树叶。

但要能对 3D 打印技术完全应用自如，也不是一件简单的事情，有非常多的细节，需要设计师和整个制作工艺不断地磨合，才能做到完美。而且，艺术品的打印与其他物品还有许多不同之处，普通物品的重点在于功能需求，而一旦引入到艺术品制作上，那将不仅在性能上有要求，在视觉上甚至触觉上也都要有更高的要求。

3.3.2　汽车领域

汽车制造一直由于技术复杂、工序繁复，被人们誉为工业制造皇冠上最为璀璨的一颗明珠。但就在前不久的温尼伯 TEDx 会议上，世界首款"3D 打印汽车"，如图 3-11 所示，在人们面前终于揭开了面纱。这款被命名为"Urbee"的 3D 打印汽车，车身由特制的 3D 打印机打印制造，除了使用超薄合成材料逐渐融合固化，这款最为另类的汽车就像直接绘制而成一般。整款汽车的外形设计非常科幻光滑，让我们很容易联想起科幻电影《第五元素》中未来世界的汽车外形。

3D 打印机的到来为我们打开了"数字化制造"的大门，我们将用完全不同的方式来

图 3-11　首款采用 3D 打印技术制造
的汽车—Urbee

定义、设计和生产机器的部件。Urbee 的诞生几经波折，整个研发和制造历经 15 年才完成。其有三个车轮，两个座位，能耗却十分低，仅为类似大小的普通汽车的八分之一，理想状况下百公里油耗仅 1L。在动力上，Urbee 汽车由一个 8 马力的小型单缸发动机来驱动，但由于车身重量较轻，因此最高时速可以达到惊人的 112 公里。该汽车的设计公司——加拿大侯尔生态公司，认为该款汽车完全满足人们日常生活的需要，并且非常经济便捷。

该项目主管吉姆·侯尔（Jim Kor）在温尼伯 TEDx 会议上指出，Urbee 是绿色环保汽车的一款里程碑产品。他表示 Urbee 的制造过程十分简单，并没有什么繁杂的流程，仅仅需要将打印材料按要求放置，然后进行打印即可。由于采用 3D 打印技术，整个制造过程是一个增材制造的过程，过程中不会有任何原材料被浪费，并且打印的汽车还可以采用多种不同材料来满足不同的需求。按设计者所说，他们的下一个目标是使用完全可回收材料来进行打印制造。到时生产的汽车将具有可回收的优点，但并不是说在短时间内就会分解，整车使用寿命将最少 30 年。

Urbee 汽车工程师在打印时将多层超薄合成材料放置在顶端，使这些超薄合成材料在"逐层打印"的过程中被制作成非常牢固的 3D 结构，从而使得新生产的汽车有着对于传统工艺而言无可比拟的特点——更轻的重量、更良好的结构、更加新颖的制作工艺。并且还可以根据用户的不同需求来进行个性化制作，最重要的是其制作成本并不会随之而有任何增加。这些都使得 3D 打印制造的汽车摆脱传统汽车制造业的束缚脱颖而出，成为一款具有划时代意义的产品。

3.3.3　医疗领域

3D 打印应用于医疗领域，比如修复性医学领域，个性化定制的需求十分明显。用于治疗个体的产品基本上都是定制化的，不存在标准化生产。而 3D 打印技术的引入，降低了定制化的成本，随着全球老龄化程度的增加，修复性医学中的结构性的器官移植会持续增长，特别是牙科领域。现阶段，3D 打印在医疗领域的主要应用有如下几点。

（1）修复性医学中的人体移植器官制造，假牙、骨髓、假肢等，如利用 3D 激光成型技术制作的铁合金移植顿骨。

（2）辅助医疗中使用的医疗装置，如牙齿矫正器、助听器等。

（3）手术和其他治疗过程中使用的辅助装置，如脊椎手术中用的固定静脉的器械装置。

（4）现如今常用的人工关节主要由三部分组成：关节臼杯、股骨关节头和股骨关节柄。部分人工膝关节的股骨头仍采用金属球头，金属球头材料以锻造或铸造钴铬钼合金为主，有时也会采用铁合金或渗氮处理不锈钢材料，关节臼通用为 UHMWPE。关节头与关节臼杯的配合关系，如图 3-12 所示。

加工关节臼杯的传统方法用金属陶瓷人工关节球面（球头、臼杯）珩磨抛光机床，该机器有如下特点：兼顾珩磨和抛光，一机两用；中文液晶触摸界面，免编程；优化的摆动控制，变化多端；刚柔相济的进给使砂轮延寿；尺寸在线检测适时结束程序；远程联机诊断方便维修服务；免维护冷滤，长保加工精度；五工位尾架充分适应各工序；新型全封闭罩壳复合 CE 标准。

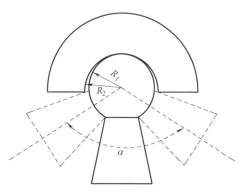

图 3-12 关节头与关节臼杯配合松动示意

金属材料 3D 打印医疗器械已经步入商品化、市场化。在 2007 年，欧盟即批准了由 EBM 技术制备的关节臼杯（CE-certified），供应商为 Adler Ortho 和 Lima Ortho，美国 FDA 于 2012 年批准了此类产品的上市。2007 年，Adler Ortho 的 FixaTi-Por 臼杯全球植入达到 1000 例，髋臼杯临床显示出良好骨融合。目前同种技术生产的臼杯全球植入已超过 30,000 例，年产量占全球臼杯类产品的 2%。提供 AM 金属医疗器械的公司除了欧洲的 Ader Ortho 和 Lima Ortho 外，还有美国的 Medtronic 和 Exactech，如图 3-13 和图 3-14 所示。

图 3-13 国外市售通过 CE 认证或 FDA
认证的增材制造医疗器械

图 3-14 Lima Ortho 公司产品

随着影像学和数字化医学的快速发展，3D 打印技术可为患者"量身定制"高精度的手术方案和植入体，从而提高关节外科复杂高难度手术的成功率，使手术更精确、更安全。

对于髋关节严重畸形患者，手术方案的制订非常具有挑战性，如假体型号的选择、假体安放位置的准确性以及畸形的矫正程度等都是术者面临的难题。相对 CT 或 MRI 采集的二维影像或计算机模拟三维图像，3D 打印的实体模型给医生提供的信息更全面，甚至可利用该模型进行手术模拟，从而提高手术成功率。Won 等人利用该技术为 21 例假关节严重畸形患者成功制定手术方案并施行人工全髋关节置换术，术后影像学检查表明假体组件均按计划精确植入，而且明显缩短了手术时间。此外，Sciberrs 等人首次将该技术应用于1例复杂髋关节翻修术，该患者在人工全髋关节置换术后发生假体松动并伴髋臼内陷。若采用常规方法，很难对骨缺损类型和假体位置做出精准判断。术者根据患者骨盆CT扫描图像重建骨盆三维模型，采用3D打印技术制备了一个骨盆模型，并在该模型上进行病情评估和手术练习，最终手术获得成功。临床实践表明，3D打印技术可有效确定植入物的类型、大小和位置，有利于术者制订最佳手术方案，指导术者开展个体化关节外科手术，使手术更精准，减少了手术时间和术中使用工具数量。

除了指导进行精准手术方案的制订外，3D打印技术还能应用于手术辅助工具和个体化假体制备。Raaijmaakers等人应用3D打印技术制备了一个用于股骨头表面置换的导针定位装置，该装置呈超半球型，与股骨头、股骨颈前表面紧密匹配，在该导向器引导下，可将假体柄精确安装在股骨颈解剖轴上，使以往复杂的定位过程变得简单、假体安装更精确。目前，标准尺寸的骨科植入物能满足大部分患者需求，但少数患者因解剖结构特殊或疾病的特异性往往需要定制个体化植入物。3D打印技术具备加工精确、制作迅速、无需特殊模具等特点，使个体化假体设计、制备成为可能。王臻利用股骨髁影像数据资料，应用Surfacer9.0图像处理软件首先设计出膝关节假体三维模型，然后在LPS600快速成型机上制备树脂模型，经硅胶翻模、制作蜡模、成壳、浇铸等过程，最终获得个体化铁合金膝关节假体，成功为1例14岁右股骨下段骨肉瘤术后复发患儿施行保肢手术。He等人利用3D打印技术制备了半膝关节和人工骨模具，分别通过快速铸造和粉末烧结成型技术制备出个体化铁铝合金半膝关节和多孔生物陶瓷人工骨，并将组装后的复合半膝关节假体植入患者体内，手术后随访表明该复合半膝关节假体与周围组织、骨骼匹配良好，并且具有足够的机械强度。Benum等人应用该技术制备了个体化股骨假体和股骨髓腔导向器，使手术更精准，成功为两例石骨症患者施行人工全髋关节置换术。与标准尺寸的骨科植入物相比，3D打印技术"量身定制"的个体化植入物与患者骨髓匹配更精准，患肢功能恢复更快。

3.3.4　建筑领域

（1）3D打印居住建筑　荷兰的DUS Architects和国际团队合作，使用3D打印技术打印了一个运河房屋。这个3D打印的运河房屋集科学、设计、建筑和社区于一身，坐落在阿姆斯特丹中心的开放建筑地址。他们的目标是证明3D打印技术能够通过高效和低污染少浪费革新建筑业，在世界范围内提供新的分层制作房屋解决方案。

3D打印技术也能够在快速建造低成本的房屋方面扮演重要的角色，尤其是在贫困和受灾地区。这个3D打印运河房屋目前在阿姆斯特丹的运河边建造——一个开放的"博览区"，也就是它成为了一个受欢迎的旅游景区。房屋建造者坐落在这个地区的中心，它基本是一个桌面3D打印机的增大版。房屋建造者打印建筑块源于熔融塑料。这种材料目前混合了80%的植物油，并且利用微纤维加固，但是这个比例仍然在项目材料合作伙伴Henkel的开发中。为了进行加固，建筑群有一个内部蜂窝中心，可以用生态混凝土重新填充。它的内部也有安装管道，线路和数据电缆的空间。

然后这些建筑块被用于形成零件部分，类似于可以拼凑的乐高玩具，组装成一个传统的4层13个房间的荷兰传统运河房屋。运河房屋最明显的设计特征是它的几何面塑料外观，而可以按需求打印房屋的细节装饰则是现代3D打印建筑的一个主要的优点。随着昂贵的劳动密集型工作的减少，定制房屋会更多。材料浪费是建筑行业的一个大问题，但使用3D打印技术，只需要生产每项计划必须的原材料。此外，3D打印机的"油墨"还是可回收的料废品。如果在固定的地方打印，交通费和二氧化碳的释放会减少很多，同时还有灰尘和噪音等级。如果不需要这个建筑了，也可以进行切碎和回收。另一个在建筑业发展3D打印技术的关键动力是，快速制造房屋的需求不断增加。就此而言，3D打印技术有重塑我们建造城市方式的潜力——尤其是在全球特大城市不断增加的形势下。3D打印运河房屋是第一个矗立在地面的同类完整建筑项目。不久之后，房屋建造者被进一步开发，生产速度增加了300%。然而，这不足以改变它"世界第一3D打印房屋"的头衔。

（2）外星打印建筑 打印房屋被称为地外建筑的一个极其有用的技术，比如月球住房和火星住房。

2013年，欧洲航天局和伦敦福斯特建筑事务所合作，测试使用常规3D打印技术制造月球基地的可能性。2013年1月，建筑公司宣布了一个房屋建造3D打印机技术，它将使用月壤原料生产月球建筑结构，同时使用封闭可充气房屋，安置处于坚硬月球结构内的人。总之，这些房屋使用的结构材料只有10%来自地球，剩下的90%都来自月球。

这个圆顶形的月球基地将会是一个可承重的悬链式形式，由一个泡孔式的结构支撑，这会让人想起鸟类的骨头。在这样的技术下，打印的建筑会为月球居民隔绝"辐射和高温"。这个建造技术混合了月球材料和氧化镁，使用结合盐"把这些材料转化成和石头一样的固体"时，它会把这些"月球的东西变成可喷涂的浆状物质，形成建筑块"。

使用模拟月球材料，利用3D打印制造建筑结构的尝试已经在地球实验室的一个大型真空室里完成了。这项技术使用3D打印机喷嘴在月壤表面注入混合液体。测试中它通过毛细管力在表面以下形成了2mm大的滴状。这个3D打印结构设想了许多月球基础设施元素，包括降落垫、防爆墙、马路、飞机库和能源储备库。

2014年早期，NASA在南加利福尼亚大学建立了一个小型研究实验室，进一步开发3D打印轮廓工艺。这项技术将会被用于使用一种新型材料建造月球结构，这种新型材料会由超过90%的月球材料和仅仅10%左右的地球材料组成。

NASA也在开发新的技术，使用低功率微波，将月球尘土烧结。为了能把纳米尺寸的月面粉尘烧融成类似陶瓷的固体，月面土壤将会被加热到1200～1500℃，这个温度比其熔点低一点，而且所有的材料都不需要从地球运输到月球。目前已经有一个叫做"烧出居住仓"的项目计划使用这项技术来建造一个月面基地，利用巨型蜘蛛机器人，人们在地球上遥控操作这座基地的制造，在将来还可能有机器人自动来制造。

3.3.5 时尚领域

珠宝加工由于行业特点，一直是追求个性化的前沿。人们对自身个性的疯狂追求，也使整个行业对个性化的需求从来都是十分迫切的。而3D打印的出现，将可以完美的平衡消费者个性化需求同加工成本的矛盾，使得制造加工的成本与造型的复杂程度完全没有关联，使成本完全脱离个性化的束缚。在之前由于受到传统加工业技术的限制，使许多非常好的设计只能停留在概念上而无法实现。但对于3D打印技术而言，则恰好可以不受这些因素限制。因此，一旦 3D 打印技术成熟完善之后，珠宝行业在加工技术、加工成本及造型复杂程度上的问题都会迎刃而解。

美国 Shapeways 公司便有大量的设计师一直钟爱于珠宝类产品的 3D 打印，该公司为此设计不同 3D 打印机来尝试各种制造。除了制造业的技术人员，还有很多专业设计师也开始尝试采用 3D 打印机来制作一些作品，如图 3-15 所示。但相比而言，他们更侧重于概念设计，设计的产品也多关注外在的观赏性，并没有完全考虑其具体的使用价值。前瞻突破式的创造固然难能可贵，但是如何利用打印技术切入首饰行业，这也应该是每一位普通的设计师需要更加深入思考的事情。

图 3-15   3D 打印制造的黄金戒指

现如今，3D 打印机已经在珠宝业崭露头角，但是如果想完全依靠 3D 打印机来自动化完成制作，还需要细化很多工作。不过相信在不久的将来，珠宝首饰、日常配饰用品等许许多多的新奇商品都有可能经过 3D 打印机来到我们面前。珠宝业一直是一个供需极不平衡的市场，卖方占主导地位，像潘多拉这样仅仅是稍具个性的品牌便可有非常强大的溢价能力。可以想象，如果 3D 打印技术进一步完善到只要你能想到的设计，将其绘制出来便可以打印完成，那将具有多大的商业价值。

3.3.6   航天

3D 打印在航空航天的工程化研究及应用方面，美国明显走在前列。美国的 AeroMet 公司于 2000 年 9 月完成了激光快速成型铁合金机翼结构件的地面性能考核试验，构件的静强度及疲劳强度达到了飞机设计要求，2001 年 AeroMet 公司为波音公司制造了 F/A-18EF 舰载联合歼击/攻击机小批量试制发动机舱推力拉梁、翼根吊环、翼梁等铁合金次承力结构件，如图 3-16 所示，并于 2002 年率先实现激光快速成型铁合金次承力结构件在 F/A-18EF 等战机上的验证考核和装机应用，并制定出专门的技术标准，该零件满足疲劳

(a)

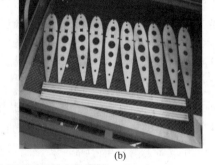
(b)

图 3-16   翼根吊环和铁合金翼梁

(a) 翼根吊环（900mm×300mm×150mm）   (b) 铁合金翼梁（2400mm×225mm×100mm）

寿命4倍的要求，静力加载到225％也未能破坏。另外在激光增材制造技术的外延方面，美国 Optomec Desgn 公司采用该技术进行了 T700 海军飞机发动机零件的磨损修复，取得了很好的效果。

近两年来，美国国防部和工业界联合实施了采用激光增材制造（LAM）技术实现铁合金结构件快速生产的项目。该技术生产效率比传统的铁合金加工工艺高80％。正是由于 LAM 技术的这种高效率，使其成为 F-15 猎鹰喷气式战斗机钛合金外挂架翼肋备件制造的最佳选择。传统的铝合金 F-15 翼肋很容易发生故障或失效，如在伊拉克和阿富汗战争中，备件的库存消耗很大。考虑到钛合金的强度比铝合金更好，于是设计选择采用钛合金翼肋替换铝合金材料。利用 LAM 技术，零件的需求能够在两个月内得到满足，并最大限度保持飞机的可用性。正是由于这些优点，LAM 工艺曾被授予 2003 年美国国防制造技术成就奖。美国 Sadna 国家实验室采用了 LAM 技术制造了 SM3 导弹三维导向和姿态控制合金导弹喷管，如图 3-17 所示，可降低 50％的制造成本和制造周期。

图 3-17　J-2X 火箭发动机

2013 年 3 月 7 日，J-2X 火箭发动机的主要承包商洛克达因公司采用选区激光烧结（SLS）技术制造了该发动机的排气孔盖，J-2X 火箭发动机在恶劣环境下进行了试验并取得了成功。NASA 马歇尔航天中心近期采用该技术制造了 RS-25 发动机的弹簧隔板，该零件用于减缓飞行中发动机可能遭遇的剧烈震颤。传统隔板的成型、加工和焊接需要耗时 9～10 个月，而通过计算机辅助技术设计零件，利用 SLS 技术建造该隔板仅需 9 天，这显然节省了时间和成本。从结构上看，减少传统焊接也使得该部件更加坚固完好。另外，GE 公司购置了大量 SLS 成型设备，正对所有设计人员进行 3D 打印技术的培训，但具体应用未见报道。由此可见，美国在航天器的零部件快速制造上投入的力量很大，同时也对该技术的工程化应用信心十足。美国军方非常重视发展 3D 打印技术，在其直接支持下，美国于 2000 年率先将该技术实用化。应用目标包括飞机承力结构件、镍基高温合金单晶叶片、导弹姿态控制发动机燃烧室等。洛马公司在第四代载人飞船"猎户座"制造项目中成功应用 3D 打印技术，将成本降低 80％，时间缩短 12％。欧洲宇航防务集团正致力于利用 3D 技术打印出飞机的整个机翼，目前已制造出飞机起落架支架和其他零部件。国内最早从 1998 年开始该技术的研究工作，近几年这一技术成为航空材料和制造领域的研究热点。"十五"期间，国家对激光直接制造技术的研究非常重视，并给予大力支持，先后安排了973计划、863计划和总装"十五"预研等项目。在这些项目的支持下，目前各研究单位均已取得阶段性成果，如北京航空航天大学、西北工业大学和北京有色金属研究总院分别建立了一套激光加工系统，并采用不同合金制成了具有一定形状的激光成型件。

现在中国最大的3D打印机已经能打印出高性能、难加工的大型飞机复杂整体关键构件，并且中国第一款本土商用客机C－919、第一款舰载战斗机歼－15、多用途战斗轰炸机歼－16、第一款本土隐形战斗机歼－20及第五代战斗机歼－31的研发均使用了3D打印技术。现在仅需55天，中国就可以"打印出"C－919客机的主风挡整体窗框。欧洲一家飞机制造公司表示，他们生产同样的东西至少要两年，光做模具就要花200万美元。当然，他们使用的是传统的生产飞机部件的方式。图3-18为北京航空航天大学利用3D打印技术生产的大型飞机零部件。

图3-18　我国利用3D打印技术生产的
大型飞机零部件

目前的3D打印技术，在非金属材料领域，我们和世界部分先进国家还有较大的差距，但是在金属材料领域，从打造铁合金飞机部件的技术来看，当前我们并不落后世界其他先进国家。

传统飞机铁合金大型关键构件的制造方法是锻造和机械加工，先要熔铸大型铁合金铸镜、锻造制坯、加工大型锻造模具，然后再用万吨级水压机等大型锻造设备锻造出零件毛坯，最后再对毛坯零件进行大量机械加工。整个工序下来，耗时费力，有的构件，光大型模具的加工就要用一年以上的时间，要动用几万吨级的水压机来工作，要大量供电，甚至还需要建电厂。另外传统飞机制造业不仅耗时久，而且浪费太多材料。一般只有10%的原材料能被利用，剩下的90%都在铸模、锻造、切割和抛光工序中损失了。例如美国洛克希德·马丁公司制造一架F-22战斗机需要2796kg钛合金，但实际只有144kg用到飞机上。

使用3D打印技术打印飞机零部件，不需铸模、锻造和组装等传统制造工序。通过计算机控制，用激光将铁合金粉末熔化，并跟随激光有规则地在金属材料上游走，熔化的铁合金粉末就会逐层堆积，直接根据零件模型一步完成大型复杂高性能金属零部件的最终成型制造，从而就可以避免材料的浪费。这项技术宛如"变形金刚"，可以制造出飞机上绝大部分复杂形状的大型零件或者部件，它的特点是高性能、低成本、短周期，正好弥补了传统制造方法的不足，而且使得很多传统方法不能做出的构件成为可能。并且，过去两三年才能做好的复杂大型零件，现在两三个月就能完成，而且只需两三个人在实验室里操作。

利用3D打印技术打印一些需要承重或者会受到外界强力干扰的构件，其承载力是至关重要的问题。很多人担心其力学性能（例如承载力）不如铸造的构件。目前打印出来的一些非金属物品，就要比制造的产品粗糙得多，这主要是其使用的打印原材料颗粒较大所致，因此也不如制造的产品用得多。3D打印进入材料领域，的确存在这样的问题，如果使用的金属粉末颗粒较大，比如是使用烧结的方式获得的物体，致密性较差，就会存在承载力不如铸造产品的问题。而在航空材料领域，目前我国已经取得了技术突破，我们使用微米级别的铁金属颗粒，而后均匀熔化凝固成型的产品，其构件的承载力等力学性能就要比其铸造件强得多。

在 2022 年 3 月，我国的国产 C919 即将迎来新年的交付，大飞机就应用到的 3D 打印技术，对于这款飞机的建造，起到了重要的作用。在高科技的时代，已经在设计和建造中实现了都能呈零部件的工艺。

我国的 C919 国产飞机，有很明显的特点，使用的建造材料都是新型的轻量化材料，更好的符合了高强度低密度，耗油更低的特点。而且 3D 技术的重要原料，使用到的是一种钛合金，这种轻量化的材料，是专家组和团队千挑万选出来的，在保证建造强强度和韧度的前提下，能够保证整体的轻量化，减轻油耗降低成本。

3.3.7 武器

2012 年，美国 Defense Distributed 组织发布了一项塑料枪的设计计划：任何人都可以下载文件并使用 3D 打印机将其制造出来。Defense Distributed 也设计了一个可 3D 打印的步枪机匣（能够进行 650 次射击），还有专为 AK-47 设计的相关杂志。很快，Defense Distributed 成功地规划了第一个工作蓝图，并在 2013 年 5 月制造出了第一个 3D 打印塑料枪。出于对公众安全的考虑，美国国务院要求 Defense Distributed 从他们的网站上移除了相关的操作指南。

2013 年，一家位于得克萨斯的公司 Solid Concepts 使用一个工业 3D 打印机，完成了金属制造 M1911 手枪的第一个 3D 打印版本。

自从 Defense Distributed 发布了他们的计划，问题随之而来——关于 3D 打印和广泛的消费级 CNC 制造对枪支管控效率的影响。

美国国土安全局和联合区域情报中心发布的一则消息称：

"3D 打印能力的重大进步，加上互联网 3D 打印文件的分享泛滥，使得枪支零件更容易获取，这是拿公众的安全做冒险"，此外，"禁止 3D 打印枪支的法案可能能够阻止，却不能完全消除枪支的生产。即便新法案禁止了这样的行为，这些数字文件的网络传播将很难控制，之前已有类似的非法交易的音乐、电影或者软件文件的案例在先。"

一般国家的枪支管控都比美国严格，一些评论员说他们能够更强烈地感觉到影响，因为另类武器并不那么容易获得。欧洲官方说生产 3D 打印枪支在他们的枪支管控法律下是违法的，罪犯能够得到其他的武器资源，但是随着技术的提升，它的危险也会增加。来自 UK、Germany、Spain 和 Brazil 的这项 3D 打印枪支的下载量非常大。

试图限制网络上枪支计划的传播就像防止可解密 DVD 的 DeCSS 得广泛传播一样没有作用。美国政府要求 Defense Distributed 撤销了这个计划之后，在 The Pirate Bay 和其他分享网站上仍然可以广泛地得到它。一些美国立法者已经提出了 3D 打印机法案，防止它们用于打印枪支。3D 打印倡导者暗示这样的法律将会无效，它会严重阻碍 3D 打印行业的发展，违背了言论自由权。

进入 21 世纪以来，新一轮科技革命和产业变革正在孕育兴起，全球科技创新呈现出新的发展态势和特征，科技创新活动不断突破地域、组织、技术的界限，演化为创新体系的竞争，创新战略竞争在综合国力竞争中的地位日益重要。

面对科技创新发展新趋势，世界主要国家都在寻找科技创新的突破口，抢占未来经济科技发展的先机，我们不能在这场科技创新的大赛场上落伍，必须迎头赶上、奋起直追、力争超越，抓住新 轮科技革命和产业变革的重大机遇，就是要在新赛场建设之初就加入其中，甚至主导 些赛场建设，从而使我们成为新的竞赛规则的重要制定者、新的竞赛场地的重要主导者。

科技是国家强盛之基，创新是民族进步之魂，必须坚定不移贯彻科教兴国战略和创新驱动发展战略，坚定不移走科技强国之路。3D打印技术在智能制造方面发挥了极其重要的作用，推动了中国制造业高端化、智能化、绿色化发展进程。

第4章

3D建模

4.1 认识 3D 建模

3D 建模基础

3D 建模是计算机图形图像的核心技术之一，应用领域非常广泛。医疗行业使用生物器官的 3D 模型仿真手术解剖或辅助治疗；电影娱乐业使用 3D 模型实现人物和动物的动画和动态模拟；网络游戏行业使用 3D 模型作为视频游戏素材资源；化工或材料工程师利用 3D 模型来表征新型合成化合物结构与性能关系；建筑行业使用 3D 建筑模型来验证建筑物和景观设计的空间合理性和美学视觉效果；地理学家已开始构建 3D 地质模型作为地理信息标准。

制造业是 3D 建模技术的最大用户，利用 3D 模型可以为产品建立数字样机进行产品性能分析和验证，并实现数字化制造。数字化制造包括增材（3D 打印）和减材（CNC）制造，3D 模型是 CAD/CAM 的数据源。学习和掌握 3D 打印建模技术关系到 3D 打印机用户能否将个人头脑中（或图纸）的创意想法数字化，并被打印机的控制软件所读取，最终完成自己设计作品的打印。所以本章重点讨论如何应用流行的 3D 建模工具为 3D 打印机提供可打印的数据。

4.1.1 3D 建模基础知识

客观世界中的物体都是三维的，真实地描述和显示客观世界中的三维物体是计算机图形学研究的重要内容。如果我们能使用特定的数据格式来描述三维物体（从几何角度可称为三维形体），它就能被计算机所理解和存储。所谓 3D 建模就是用计算机系统来表示、控制、分析和输出描述三维物体的几何信息和拓扑信息，最后经过数据格式转换输出可打印的数据文件。

三维模型用点在三维空间的集合表示，由各种几何元素，如三角形、线、面等连接的已知数据（点和其他信息）的集合。3D 建模实际上是对产品进行数字化描述和定义的一个过程。产品的 3D 建模有三种主要途径：

第一种是根据设计者的数据、草图、照片、工程图纸等信息在计算机上人工构建三维模型，常被称为正向设计。

第二种是在对已有产品（样品或模型）进行三维扫描或自动测量，再由计算机生成三维模型。这是一种自动化的建模方式，常被称为逆向工程或反求设计。两种建模途径如图4-1 所示。

第三种是以建立的专用算法（过程建模）生成模型，主要针对不规则几何形体及自然景物的建模，用分形几何描述（通常以一个过程和相应的控制参数描述）。例如用一些控制参数和一个生成规则描述的植物模型，通常生成模型的存在形式是一个数据文件和一段代码（动态表示），包括随机插值模型、迭代函数系统、L 系统、粒子系统、动力系统等。三维建模过程也称为几何造型，几何造型就是用一套专门

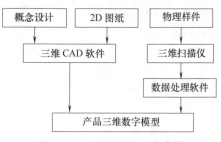

图 4-1　正向和逆向三维建模

的数据结构来描述产品几何形体，供计算机进行识别和信息处理。几何造型的主要内容是：①形体输入，即把形体从用户格式转换成计算机内部格式；②形体数据的存储和管理；③形体控制，如对几何形体进行平移、缩放、旋转等几何变换；④形体修改，如应用集合运算、欧拉运算、有理样条等操作实现对形体局部或整体修改；⑤形体分析，如形体的容差分析、物质特性分析、曲率半径分析等；⑥形体显示，如消隐、光照、颜色的控制等；⑦建立形体的属性及其有关参数的结构化数据库。

在计算机内部，模型的数学表示基于点、线、面。点表示三维物体表面的采样点，线表示点之间的连接关系，面表示以物体表面离散片体逼近或近似真实表面。点、线、面的集合就构成了形体。形体有两大几何属性需要进行数字化定义：一是产品形体的几何信息，即点、线、面几何元素在欧氏空间中的数量和大小度量；另一个是拓扑信息，即用来表示几何元素之间的连接关系的信息。

这里要注意，平时经常讲的图形实际上是三维模型的一个具体可见的图像，是人们所看到的模型的表征，不能把图形与图像混为一谈。在三维空间，描述的是几何形体和几何曲面图像，只有在平面上，它才是人们通常所称的图形。

4.1.2　3D 模型的计算机表示

人们希望能够有一种统一的方法来处理几何形状。但目前的情况是，对于处理平面和简单曲面组合成的三维规则几何形状和像汽车车身那样的复杂形状分别采用不同的处理方法。前者称为实体模型，后者称为曲线/曲面模型，将两者组合起来就可制作出各种各样产品的几何模型。可用于三维打印的 3D 模型可分为两大类。

（1）实体模型　这种模型用来定义具有体积或质量性质的物体（如汽车的零件、人造骨）。实体模型主要用于工业制造和建筑业，用于需要表示内外几何结构、装配和加工、

非可视化或可视化的数值模拟仿真，以及部分需要可视化渲染的场合。

（2）面体模型　此类模型定义设计对象的表面或边界。面体模型像一个无限薄的壳，没有体积和质量，就像鸡蛋可以看作一个实体，但蛋壳可以看作是一个椭球面体模型，从视觉感知上用蛋壳也可以表示鸡蛋。稍复杂些的曲面模型（如图4-2中的剃须刀外壳）可能是由多个曲面拼接而成的。从技术上看在计算机内部这类模型比实体模型容易实现，所以几乎所有游戏和电影中使用的三维模型都是面体模型。简单的曲面模型可直接用数学曲面公式建立，复杂而精确的自由曲面需要使用参数化的样条拟合方式构建，复杂而精确度不高的可以采用多边形网格方式建模。

三维模型的应用场合不同，采用的建模技术不同。需要精确配合的场合，如机器零件，要用实体模型和曲面模型；不需要精确的场合，如游戏、动漫等环境中，可能只需要满足光照处理、纹理映射等视觉效果，往往采用多边形网格模型来近似表示物体，模型的精度由多边形网格的数量决定。

例如，图4-2显示了三种表示方式（从左至右分别为实体、曲面和多边形网格）模型，可以总结出实体模型和面体模型的不同应用场合。

实体模型：①主要关注模型的结构、几何精度、性能属性，美学方面仅是兼顾；②模型的几何尺寸可以参数化关联；③所有几何特征可以以树状结构呈现，设计历史可回溯；④具备物理属性，可以实现功能、性能仿真（如有限元分析）。

曲面和多边形网格模型：①主要关注模型外形、美学和人机工学，模型精度不是主要问题；②从点、线、面开始构建，无物理属性；③常用逆向工程依靠3D扫描数据构建；④需要和实体模型混合使用。

图4-2　实体、曲面和多边形网络模型示例

常见的3D
建模软件

4.2　3D建模软件

随着计算机的快速发展，工业设计的计算机化达到了相当高的水平。通过计算机进行数据分析、建立模型、导入生产系统等，在人类生活和生产的重要环节中产生了越来越广泛的影响，并由此引发的新思想正逐渐渗透于工业设计学科领域中。

计算机辅助产品设计是指在以计算机软、硬件为依托，设计师在设计过程中凭借计算机参与新产品开发研制的一种新型的现代化设计方式，它以提高效率、增强设计的科学性与可靠性，适应信息化社会的生产方式为目的。在产品设计的计算机表达中，主要倾向于对产品的形态、色彩、材料等设计要素的模拟，这是当今社会起主导作用的设计方式。

随着计算机技术的进步及设计人员的参与，计算机已经成为当今设计领域发生变化的最为重要的标志，无论在设计观念上还是在设计方法及程序上都为设计带来了全新的理念，全面地影响着设计领域内的各个方面。当然，作为高技术低智能的计算机，在设计思维的表达方面有一定的局限性，在设计中只能作为"辅助"工具被设计师应用。

传统的设计方法是通过二维表达后，再制作成实体模型，然后根据模型的效果进行改进，再制作成工程图用于生产，这样从二维表达到制作模型的过程当中，人为的误差是相当大的，在绘制工程图纸时设计师对优化方面的考虑需要通过详尽的计算和分析才能做出正确的判别，有时候往往因难而退。而计算机辅助设计的介入，使我们真正地实现了三维立体化设计，产品的任何细节在计算机面前都能详尽地展现在设计师的面前，并能在任意角度和位置进行调整，在形态、色彩、肌理、比例、尺度等方面都可以作适时的变动。在生产前的设计绘图中，计算机可以针对你所建立的三维模型进行优化结构设计，大大地节省了设计的时间和精力，而且更具有准确性。

3D打印是全新的领域，同样 3D 设计的领域也非常广泛，主要有建模、渲染、动画等多个方面。目前 3D 设计主要还是依靠传统的三维设计软件进行。随着 3D 打印技术的发展，人们认识到传统的 3D 设计软件不能完全满足 3D 打印的需要，因此，针对 3D 打印的三维设计软件应运而生。以下将主要介绍现在广泛推荐的开源或免费软件以及广泛应用的著名商业软件及新近推出的有关 3D 建模的软件。

4.2.1　Autodesk 123D

很多人对欧特克公司并不陌生，在计算机辅助设计领域该公司开发了很多商业设计软件。欧特克公司针对 3D 打印发布了一套相当神奇的

建模软件 123D Design

三维建模软件 Autodesk 123D，有了它，你只需要简单地为物体拍摄几张照片，它就能轻松自动地生成 3D 模型。不需复杂的专业知识，任何人都能从身边的环境迅速、轻松地捕捉三维模型，制作成影片上传，甚至，你还能将自己的 3D 模型制作成实物艺术品。更让人意外的是，Autodesk 123D 还是完全免费的，让我们能很容易接触和使用它。它拥有3 款工具，其中包含 Autodesk 123D，Autodesk 123D Catch 和 Autodesk 123D Make。

123D 是一款免费的 3D CAD 工具，可以使用一些简单的图形来设计、创建、编辑三维模型，或者在一个已有的模型上进行修改，可以看作是一款三维版的 PhotoShop。

123D Catch 才是本书推荐的重点，它利用云计算的强大能力，可将数码照片迅速转换为逼真的三维模型。只要使用傻瓜相机、手机或高级数码单反相机抓拍物体、人物或场景，人人都能利用 Autodesk 123D 将照片转换成生动鲜活的三维模型。通过该应用程序，使用者还可在三维环境中轻松捕捉自身的头像或度假场景。同时，此款应用程序还带有内置共享功能，可供用户在移动设备及社交媒体上共享短片和动画。

当制作好 3D 模型之后，就可以利用 123D Make 来将它们制作成实物了。它能够将数字三维模型转换为二维切割图案，用户可利用硬纸板、木料、布料、金属或塑料等低成本材料将这些图案迅速拼装成实物，从而再现原来的数字化模型。123D Make 可支持用户创作美术、家具、雕塑或其他简单的样机，以便测试设计方案在现实世界中的效果。欧特克开发的这项技术能像数字化工程师一样帮助个人用户创建三维模型，并最终将其转化为

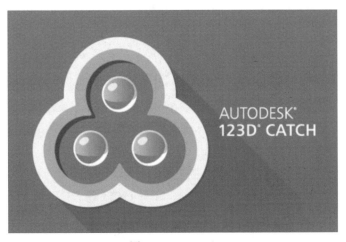

图 4-3 3D Catch

实物。123D Make 的设计初衷是为了使用户能够发挥创意，让他们能够在量产产品无法满足要求时，自行创建所需的产品。

123D Sculpt 是针对雕塑这一艺术领域开发的。它是一款运行在 iPad 上的应用程序，可以让每一个喜欢创作的人轻松地制作出属于他自己的雕塑模型，并且在这些雕塑模型上绘画。123D Sculpt 内置了许多基本形状和物品，例如圆形和方形、人的头部模型、汽车、小狗、恐龙、蜥蜴、飞机等。

使用软件内置的造型工具，也要比石雕凿和雕塑刀来得快多了。通过拉升、推挤、扁平、凸起等操作，123D Sculpt 里的初级模型很快拥有极具个性的外形。接下来，通过工具栏最下方的颜色及贴图工具，模型就不再是单调的石膏灰色了。另外，模型所处背景也是可以更换的。它可以将充满想象力的作品带到一个全新的三维领域。可以将在 Sketch Book 中创作的作品作为材质图案，把它印在三维物体表面上。

4.2.2 Tinker CAD

Tinker CAD 是一款功能非常简单的入门级软件，目前已经被 Autodesk 收购。Autodesk 把 Tinker CAD 加入到该公司 123D 系列应用和服务中，它非常适合初学者使用，用户往往通过它熟悉 3D 建模，然后转到更高级的软件上。Tinker CAD 专注于帮助用户使用 3D 打印机制作"有趣、有意义"的东西。与 Autodesk 123D 类似，这一系列服务和应用旨在消除技术门槛，帮助非专业技术人员使用 CAD 工具。Autodesk 还计划在 123D 系列产品中整合 Tinker CAD 的功能，简化该服务的使用。

Tinker CAD 是一个基于 WebGL 的简单实体建模应用，专注于几分钟内就可以完成 3D 设计作品的在线工具。而基于浏览器的 3D 建模工具消除了用户使用 3D 建模的技术门槛，无论是否是专业设计人员，用户都可以很方便地制作原型设计，并获得专业级的渲染效果。

总的说来，Tinker CAD 功能比较简单。所谓的实体建模，仅支持数种体素以及体素之间的布尔运算。但随着版本更新，种类有所增加。不支持 3D 直接操作，只能通过改变参数来设置几何尺寸。似乎也不支持编辑，可能几何再运算比较麻烦。支持工作面设置，能在工作面上放一把尺子，在建模的时候作为参考。

Autodesk 宣布所有的收费功能都将免费开放，可以无限制地存储设计模型，不仅可以通过简单地拖拽几何形状进行组合，甚至可以使用"超级脚本"进行更高水平的 3D 建模。Autodesk 团队还计划继续研发该 3D 建模应用平台，加入更强大的导入、导出功能。

免费账号可以无限制地存储设计模型（以前只能存一个模型），支持导入 STL 格式的 3D 网格和 SVG 格式的 2D 文件。可以使用形状脚本工具，生成参数化 3D 模型（以前只对收费用户开放）。图 4-4 为 Tinker CAD 设计软件界面。

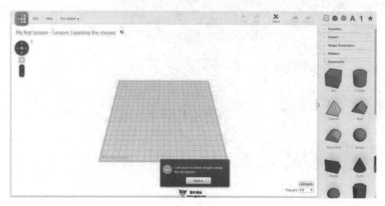

图 4-4　Tinker CAD 设计软件界面

4.2.3　Blender

随着开源运动的不断发展，Blender 这款免费软件越来越受到欢迎，它拥有自己的粉丝群和专门的在线社区，在这里用户大量分享这款软件中许多工具的使用经验。尽管 Blender 并不是一款一用就能上手的软件，但根据调查，Blender 是当前最为流行的 3D 建模软件之一。Blender 是一个 GNU 的 3D 绘图软件（注：GNU 是一个类似 Unix，且为自由软件的完整的操作系统。因 GNU 的内核尚未完成，所以 GNU 使用 Linux 作为其内核），建模、算图、动画等功能都相当的完整，可以说已经具有了一般商业软件的规模。

Blender 的程序写得相当精简，也没有太多的图示，档案的体积缩得非常小，但并没有被缩减掉必要的功能。从各方面的工作能力来判断，Blender 具有作为一个第一线 3D 绘图/动画软件的能力，特别是由于免费以及使用系统资源低（跑起来的速度比一般的平面绘图软件还要快许多）的关系，相当适合个人使用。Blender 大部分的功能都有热键，操作起来相当的快捷；而由于几乎所有的功能按钮在鼠标移上去一段时间都会出现详细说明，或多或少弥补了操作方式和一般软件不太相同，让人摸不着头绪的问题。Blender 的另一个特点是在设计上相当地注意小细节，例如所有的调节拉杆都可以手动输入数值，可以局部修改一些在一般软件中隐藏的参数，甚至对个别对象做出不同的画图设定等。Blender 并没有大部分主流软件那么多的套装功能，但是如果能够确实了解每个参数的用途的话，是可以做出相当多样化的效果的。Blender 的建模以 mesh/polygon 为主，另外也包括各种曲线、NURBS 以及 meatball 编辑的能力。之前用它画好 3D 模型之后，往往需要借助其他软件来将模型调试成适合 3D 打印的 STL 文件。而现在 2.67 版本的 Blender 增添了很多与 3D 打印相关的计算和显像功能，让使用 Blender 制作 3D 打印模型方便不少，如图 4-5。

目前，BlenderV2.67 的 3D 打印工具箱有以下几个功能：

（1）统计功能　统计用户制作的 3D 网格的体积（默认以立方厘米为单位，是 3D 打印常用的单位）；统计用户制作的 3D 网格的总面积（默认以平方厘米为单位）。

（2）检查功能 可检查网格模型是否是无缝的，是否有重叠或交错的面，是否有无棱无面的点存在，是否有扭曲的面，这些问题都可能能在 3D 打印时造成麻烦。通常 3D 打印机都受限于一个最小壁厚值，因此模型太薄或太尖锐的部位打印机会直接忽略掉。有了这个功能，用户就不用担心明明画好的部位在打印时却莫名其妙地消失了。在没有支撑材料的情况下，打印模型的悬垂角度是有限制的，超过限制，模型在打印过程中就会垮塌。虽然根据材料和打印机性质的不同，这个限制角度也会有所不同，但不超过 45°。45° 是一个比较安全的默认值。

图 4-5　BlenderV2.62 软件界面

4.2.4　Sketch Up

Sketch Up 是一个极受欢迎并且易于使用的 3D 设计软件，官方网站将它比喻作电子设计中的"铅笔"。它的主要卖点就是使用简便，人人都可以快速上手。尽管如此，根据 Materialize 公布的最流行的 3D 建模软件排名，许多人会惊讶地看到，Sketch Up 软件屈居第二，落后于 Blender。Sketch Up 这款软件拥有非常友好的用户界面，十分适合初学者，而且它在专业人员中的应用也很广泛，并在学校或者学生中间非常流行。Sketch Up 最初是由 Last Software 于 2000 年开发的，谷歌 2006 年将其收至麾下。2012 年 Sketch Up 被出售给 Trimble Navigation 公司。

许多人把 Sketch Up 作为他们学习 3D 建模的入门软件，还有很多人使用它的高级应用，其用途之一就包括 3D 打印。

Trimble 接手后仍然提供免费版本的 Sketch Up，但现在它的名字叫作 Sketch Up Make。Trimble 还推出了被称为 Sketch Up Pro 的付费版本，如图 4-6 所示。（495 美元＋95 美元技术支持）。现在每年都推出新版本，并增加新的功能。

如果要用于 3D 打印，就要使用 Sketch Up Pro，因为它集成了 3D 打印功能，比如用于 3D 打印模型的实体建模技术。如果使用其免费版本 Sketch Up Make，Trimble 会提供一个 Sketch Up 扩展，可以导出 STL 文件，然后可以用于 3D 打印。这个扩展用起来可能有点麻烦，但它确实有用。

4. 2. 5   3DTin

3DTin 是一个使用 Web-GL 技术开发的 3D 建模工具，是第一款可以在浏览器中完成三维建模的工具。你

图 4-6   Sketch Up Pro

可以在浏览器中创建自己的 3D 模型，模型可以保存在云端或者导出为标准的 3D 文件格式，例如 .obj 文件或 Collada 文件。

3DTin 可以让大家更加随意地创建任何模型，因为它非常容易使用。3DTin 的幕后大师是 Jayesh Salvi，他是位印度软件工程师，现居孟买。

3DTin 的一项重要功能是直接将 3DTin 模型输出为 i. materialse 格式，确保 STL 格式的模型在导出时能够保留色彩信息，因为大部分 3DTin 用户更偏爱彩色模型，而将 3DTin 模型导出方法为：①完成 3DTin 模型后，按"导出"按钮；②选择 i. materialise 格式，按"导出"；③几秒钟后，模型的导出就完成了，可以按"继续"；④3DTin 模型被发送到"三维打印实验室"，如果需要的话，可以在此轻松地修改模型的尺寸或者选择复制品的数量。默认情况下，多重色彩是被选中的，因为认为这是 3DTin 的首要材质。当预定好后，就可以随时随地的以优惠的价格获得一款高质量的三维打印模型。

4. 2. 6   Free CAD

Free CAD 是来自法国 Matra Datavision 公司的一款开源免费 3D CAD 软件，基于 CAD/CAM/CAE 几何模型核心，是一个功能化、参数化的建模工具，如图 4-7 所示。Free CAD 是一种通用的 3D CAD 建模软件，其软件的改进是完全开源的（GPL 的 LGPL 许可证）。Free CAD 的直接目标用户是机械工程、产品设计，当然也适合工程行业内的其他广大用户，比如建筑或者其他特殊工程行业。

Free CAD 的功能特征类似 Catia SolidWorks 或 Solid Edge，Free CAD 能帮助建立 3D 零件，通过连接或组装这些零件来构成一个结构或装置，称为机械装配。借由改变零件的外形、大小及连接的形式，也能在 Free CAD 的虚拟三维环境中模拟测试结构系统而不用使用实体模型。

Free CAD 的运行平台很多，目前运行在 Windows 和 Linux/Unix 和 MacOSX 的系统，而且该软件在所有平台上显示的外观和功能是完全相同的。Free CAD 可以将图形导出为 AutoCAD、3DView 等格式，是 AutoCAD Solidworks 等商业软件的免费开源替代品。

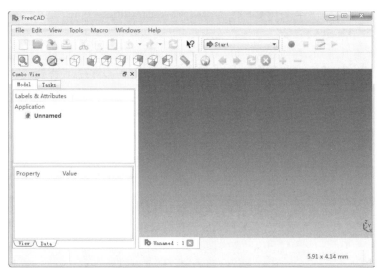

图 4-7 Free CAD 软件界面

4.2.7 3DS MAX

3DS MAX 大家比较熟悉，是最大众化的且应用广泛的设计软件，它是当前世界上销售量最大的三维建模、动画及渲染解决方案，广泛应用于视觉效果、角色动画及游戏开发领域。它是 Autodesk 公司开发的三维建模、渲染及动画的软件，在众多的设计软件中，3DS MAX 是人们的首选，因为它对硬件的要求不太高，能稳定运行在 Windows 操作系统上，容易掌握，且国内外的参考书最多。

3DS MAX 在产品设计中，不但可以做出真实的效果，而且可以模拟出产品使用时工作状态的动画，既直观又方便。3DS MAX 有三种建模方法：Mesh（网格）建模、Pacth（面片）建模和 NURBS 建模。我们最常使用的是 Mesh 建模，它可以生成各种形态，但对物体的倒角效果却不理想。

3DS MAX 的渲染功能也很强大，而且还可以连接外挂渲染器，能够渲染出很真实的效果，甚至现实生活中看不到的效果。还有就是它的动画功能，也是相当不错的。

4.2.8 Rhinoceros（Rhino）

Rhinoceros（Rhino）是全世界第一套将 Nurbs 曲面引进 Windows 操作系统的 3D 计算机辅助产品设计的软件。因其价格低廉、系统要求不高、建模能力强、易于操作等优异性，在 1998 年 8 月正式推出上市后让计算机辅助三维设计和计算机辅助工业设计的使用者有很大的震撼，并迅速推广到全世界。

Rhino 是以 Nurbs 为主要构架的三维模型软件。因此在曲面造型特别是自由双曲面造型上有异常强大的功能，几乎能做出我们在产品设计中所能碰到的任何曲面。3DS MAX 很难实现的"倒角"也能在 Rhino 中轻松完成。但 Rhino 本身在渲染（Render）方面的功能不够理想，一般情况下不用它的外挂渲染器（Flamingo），也可以把 Rhino 生成的模型导入到 3DS MAX 进行渲染。

Rhino 大小才十几兆，硬件要求也很低。但它包含了所有的 Nurbs 建模功能，用它建模感觉非常流畅，所以大家经常用它来建模，然后导出高精度模型给其他三维软件使用。

从设计稿、手绘到实际产品，或只是一个简单的构思，Rhino 所提供的曲面工具可以精确地制造所有用来作为渲染表现、动画、工程图、分析评估以及生产用的模型。Rhino 可以在 Windows 系统中建立、编辑、分析和转换 Nurbs 曲线、曲面和实体。不受复杂度、阶数以及尺寸的限制，Rhino 也支持多边形网格和点云，如图 4-8 所示即为 Rhinoceros 软件界面。

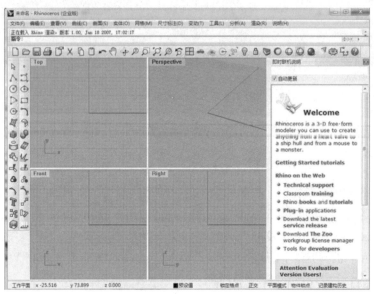

图 4-8　Rhinoceros 软件设计界面

4.2.9　Solidworks

Solidworks 是著名的三维 CAD 软件开发供应商 Solidworks 公司发布的领先市场的 3D 机械设计软件，也是国内使用最多的三维 CAD 软件。Solidworks 是基于 Windows 平台的全参数化特征造型软件，它十分方便地实现复杂的三维零件实体造型、复杂装配和生成工程图。该软件可以应用于以规则几何形体为主的机械产品设计及生产准备工作中。Solidworks 释放了设计师和工程师的创造力，使他们只需花费同类软件所需时间的一小部分即可设计出更好、更有吸引力、在市场上更受欢迎的产品。

Solidworks 软件功能强大，组件繁多。功能强大、易学易用和技术创新是 Solidworks 的三大特点，使得 Solidworks 成为领先的、主流的三维 CAD 解决方案。Solidworks 能够提供不同的设计方案、减少设计过程中的错误以及提高产品质量。

Solidworks 公司为达索公司的子公司，专门负责研发和销售机械设计软件的视窗产品。达索公司是负责系统性的软件供应商，并为制造厂商提供具有 Internet 整合能力的支援服务。该集团提供涵盖整个产品生命周期的系统，包括设计、工程、制造和产品数据管理等各个领域中的最佳软件系统，著名的 CATIVA5 就出自该公司之手，目前达索的 CAD 产品市场占有率居世界前列。

4.2.10 Pro/E

Pro/E 是 Pro/Engineer 的缩写，是较早进入国内市场的三维设计软件，它是由美国 PTC（Parametric Technology Corporation）公司开发的唯一的一整套机械设计自动化软件产品，它以参数化和基于特征建模的技术，提供给设计师一个革命性的方法去实现机械设计自动化。它由一个产品系列模块组成，专门应用于产品从设计到制造的全过程。Pro/E 的参数化和基于特征建模的能力给工程师和设计师提供了空前容易和灵活的环境。Pro/E 的唯一数据结构提供了所有工程项目之间的集成，使整个产品从设计到制造紧密地联系在一起。

Pro/E 可以随时由三维模型生成二维工程图，自动标注尺寸，由于其具有关联的特性，并采用单一的数据库，因此修改任何尺寸，工程图、装配图都会相应地变动。

Pro/E 第一个提出了参数化设计的概念，并且采用了单一数据库来解决特征的相关性问题。另外，它采用模块化方式，用户可以根据自身的需要进行选择，而不必安装所有模块。Pro/E 的基于特征方式，能够将设计至生产过程集成到一起，实现并行工程的设计。它不但可以应用于工作站，而且也可以应用到单机上。

Pro/E 采用了模块方式，可以分别进行草图绘制、零件制作、装配设计、钣金设计、加工处理等，保证用户可以按照自己的需要进行选择使用。

（1）参数化设计　相对于产品而言，我们可以把它看成几何模型，而无论多么复杂的几何模型，都可以分解成有限数量的构成特征，而每一种构成特征，都可以用有限的参数完全约束，这就是参数化的基本概念。

（2）基于特征建模　Pro/E 是基于特征的实体模型化系统，工程设计人员采用具有智能特征的功能去生成模型，如腔、壳、倒角及圆角，可以随意勾画草图，轻易改变模型。这一功能特性给工程设计者提供了从未有过的简易和灵活。

（3）单一数据库（全相关）　Pro/E 建立在统一基层的数据库上，不像一些传统的 CAD/CAM 系统建立在多个数据库上。所谓单一数据库，就是工程中的资料全部来自一个库，使得每一个独立用户在为一件产品造型而工作，不管他是哪一个部门的。换而言之，在整个设计过程的任何一处发生改动，亦可以前后反应在整个设计过程的相关环节。例如，一旦工程详图有改变，NC（数控）工具路径也会自动更新；组装工程图如有任何变动，也完全相同地反映在整个三维模型上。这种独特的数据结构与工程设计完整的结合，使得一件产品的设计极其方便快捷。这一优点，使得设计更优化，成品质量更高，产品能更好地推向市场，价格也更便宜。

美国 3D 打印机品牌商 3DSystems 日前正式发表一款软件——Cubify Sculpt，应用虚拟黏土，让任何人士都能够使用一般的计算机与鼠标，轻松地制作出各种三维打印模型。Cubify Sculpt 的功能更为专业，却十分的易学易懂，只要会使用计算机，就能够制作出各种不同的 3D 设计作品。Cubify Sculpt 通过十分简易的工具，"捏"出各种不同的造型，例如细致的人脸、艺术品、饰品等对象，无须经过专业的 3D 绘图训练，也能够制作出具有个性的 3D 对象，并且通过 3D 打印机将对象输出成实体。

Cubify Sculpt 的最大特色是简易使用，且能够立即编辑目前 3D 打印机最普遍支持的 STL 文件格式，因此可以将现有的作品加以改良，制作出更具创意的设计作品。此外还能够贴上 3D 立体花纹增加物品的质感，或是将 3D 对象上色后，通过特定的工艺打印出彩色的 3D 对象。目前 Cubify Sculpt 软件的售价为 129 美元，并于该公司的官方网站上提供 14 天免费试用下载，以及众多免费的对象可供下载学习使用。图 4-9 为 Cubify Sculpt 软件界面。

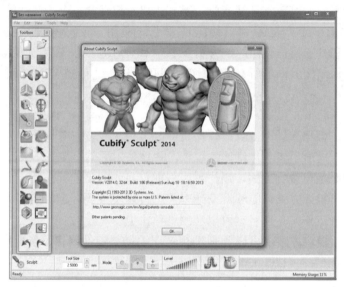

图 4-9　Cubify Sculpt 软件界面

4.2.11　UG（Unigraphics）

UG 是 Unigraphics Solutions 公司推出的集 CAD/CAE/CAM 为一体的三维机械设计平台，也是当今世界最先进的计算机辅助设计、分析和制造软件之一，广泛应用于航空航天、汽车、造船等领域。UG 是一个交互式的计算机辅助设计（CAD）、计算机辅助工程（CAE）和计算机辅助制（CAM）系统。它具备了当今机械加工领域所需的大多数工程设计和制图功能。UG 是一个全三维、双精度的制造系统，使用户能够比较精确地描述任何几何形体，通过对这些形体的组合，就可以对产品进行设计、分析和制图。

UG 可以为机械设计、模具设计以及电器设计提供一套完整的设计、分析、制造方案：UG 提供了包括特征造型、曲面造型、实体造型在内的多种造型方法，同时提供了自顶向下和自下向上的装配设计方法，也为产品设计效果图输出提供了强大的渲染、材质、纹理、动画、背景、可视化参数设置等支持。

4.2.12　中望 3D

国产软件中望 3D 2015 Beta 版于 2015 年 2 月 3 日正式向全球发布。历经五年中美研发精英的潜心研制，结合全球企业用户的应用反馈，中望 3D 2015 持续打造更人性化的操作体验，让工程师从此摆脱烦琐的操作，将自己心中所想随所欲地展示出来，其中让人最期待的中望 3D 2015 功能包括：

① 重点加强数据交互效率：包括 CATIAV5 的兼容性优化，保证第三方软件图纸导出质量，并且支持中望 CAD 复制对象到中望 3D 草图或工程图环境。

② 草图模块重点新增【画线剪裁】、【重叠检查】功能，编辑效果更加直观、智能，缩减重复性工作。

③ 同时推出全新的焊件设计功能，能满足企业常用的结构构件设计需求。

④ 打造更直观的工程图"3D 测量标注"功能新体验，还可以一键轻松实现 3D 测量标注与 2D 标注的自由切换。从制造的整个流程来看，即使前端设计已经非常高效，但如果与生产环节无法顺畅对接，那么仍然达不到未来的自动化需求。中望 3D 作为三维 CAD/CAM 一体化的软件，能够确保数据在设计和生产之间自由传输，而中望 3D2015 版更精准、便捷的 CAM 模块将满足企业期待的设计制造一步到位，包括：

① 优化 3 轴粗加工的完整区域加工功能，智能检查边界上薄壁坯料；加强 3 轴三维偏移精加工性能，在尖角及小步距设置情况下，提升拐角处刀轨的精确度。

② 通过更安全、合理的规则，优化进退刀设置，例如优化了螺旋进刀的位置，尽可能生成相切的螺旋圆弧，并分析残料确保安全等。

③ 车削精加工全面支持刀具补偿，提供 5 个选项来控制不同的补偿刀轨和输出。任何 3D 设计软件都可以用来设计模型，重要的是输出或者转换成 STL 格式，尺寸设置好后一般不会改变。而 3D 打印机一般都有它自己的软件，很多制图软件都可以导出 STL 文件，也就是说很多制图软件都可以用。如果导出的 STL 文件在打印机自己的软件里面有错误的话，使用软件修复一下就可以了。最近，中望软件又针对 3D 打印推出了面向中小学生的 3D 设计软件 3DOne，如图 4-10 所示，使得设计 3D 建模更加方便。

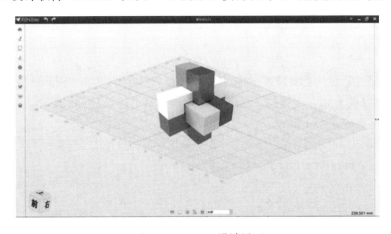

图 4-10　3DOne 设计界面

以上这些是比较常用的 3D 建模软件，对于哪种软件最好，在行业内有很多的争论，用户应根据自己的实际情况选择适合自己的软件。

4.3 文 件 输 出

STL（光固化快速成型 STereoLithography 的缩写）是由 3D Systems 公司为光固化 CAD 软件创建的一种文件格式。同时 STL 也被称为标准镶嵌语（Standard Tessellation Language）。该文件格式被许多的软件支持，并广泛用于快速成型和计算机辅助制造领域。STL 文件只描述三维对象表面几何图形，不含有任何色彩、纹理或者其他常见 CAD 模型属性的信息。STL 文件支持 ASCⅡ码和二进制两种类型，其中二进制文件由于简洁而更加常见。

一个 STL 文件通过存储法线和顶点（根据右手法则排序）信息来构成三角形面，从而拟合坐标系中的物体的轮廓表面。STL 文件中的坐标值必须是正数，并没有缩放比例信息，但单位可以是任意的。除了对取值要求外，STL 文件还必须符合以下三维模型描述规范。

（1）共顶点规则　每相邻的两个三角形只能共享两个顶点，即一个三角形的顶点不能落在相邻的任何一个三角形的边上。

（2）取向规则　对于每个小三角形平面的法向量必须由内部指向外部，小三角形三个顶点排列的顺序同法向量符合右手法则。每相邻的两个三角形面片所共有的两个顶点在他们的顶点排列中都是不相同的。

（3）充满规则　在 STL 三维模型的所有表面上必须布满小三角形面片。

（4）取值规则　每个顶点的坐标值必须是非负的，即 STL 模型必须落在第一象限。

4.3.1　STL 文件格式的 ASCⅡ码格式

一个以 ASCⅡ码存储的 STL 文件第一行都是：

Solid name

其中 name 为变量，表示描述对象的名称（如果为空，那在 solid 命令后也需要加上空格）。文件内容接下来为连续的三角形信息，其中单个的描述格式如下：

```
facet normal ni nj nk
    outer oop
        vertex v1x v1y v1z
        vertex v2x v2y vXz
        vertex v3x v3y v3z
    endloop
endfacet
```

代码中每一个 n 或者 v 开头的变量都是以科学表示法描述的浮点数，例如 "-2.648000e-002"（注意：其中 v 开头的变量必须为正数）。文件下面代码结束：

endsolid name

该格式描述的结构存在二义性（例如，面片可能不止三个节点），但在实践中，可以将所有的面片都细分为多个简单的三角形。

注意：空格除了在两个数字和单词之间，还可被用于其他任何地方。在'facet'和'normal'命令间，或'outer'和'loop'命令间，空格是必需的。

4.3.2 STL 文件的二进制格式

由于 ASCⅡ码的 STL 文件可能会变得非常的庞大，因此二进制格式的 STL 文件便变得很有价值。一个二进制的 STL 文件包含 80 个字符的文件头（可以存储任何内容，但不应以"solid"开始，以避免软件解析时误以为是 ASCⅡ码文件）。文件头后面接着是 4 个字节的无符号整数，用来记录文件中三角面片的数量。接着是循环存储每个三角形的数据信息。在最后一个三角形信息之后是简单的文件结束标志。

每一个三角形都由 12 个 32 位浮点数来表示：三个表示法线方向，另外三个节点每个各用 3 个浮点数来存储 X/Y/Z 轴的坐标值，结构上与 ASCⅡ的类似。在 12 个浮点数之后是 2 个字节的无符号短整型作为属性字节计数（attribute byte count），在标准格式下记为 0，因为大部分软件对该字段不进行解析。

UINT8[80] - Header
UINT32 - Number of triangles

Foreach triangle
REAL32[3] - Normal vector
REAL32[3] - Vertex 1
REAL32[3] - Vertex 2
REAL32[3] - Vertex 3
UINT16 - Attribute byte count
end

4.3.3 二进制 STL 文件中的色彩描述

在二进制 STL 文件中最少有两种方式可用来存储色彩信息：

（1）VisCAM 和 SolidView 软件使用每个三角形之后 2 个字节长的属性字节计数（AttributeByteCount）来存储 15 位的 RGB 色彩信息。

① 第 0~4 位：表示蓝色强度级别信息（值为 0 到 31）。

② 第 5~9 位：表示绿色强度级别信息（值为 0 到 31）。

③ 第 10~14 位：表示红色强度级别信息（值为 0 到 31）。

④ 第 15 位：取值 1 表示色彩有效；取值 0 表示色彩无效。

（2）Materialise Magics 软件描述色彩方式有些不同，它采用文件开头 80 个字节长度中的信息来存储整个物体的色彩信息。当需要给物体增加颜色属性时，在文件头中会存储字符串"COLOR"信息，然后紧接着是 4 个字节长度的色彩信息，分别表示红、绿、蓝和透明度（取值范围为 0～255）。除非单个面片有重新定义，否则该色彩将作为整个物体的颜色。Magics 软件还定义了打印材料以及更多物体表面特征的属性参数。在"COLOR＝RGBA"定义之后便可以添加字符串"，MATERIAL"，该字符串后面接着是 3 个色彩信息（长度位 3×4bytes）：第一个色彩信息表示材质的漫反射；第二个指定高光；第三个是环境光。在每一个三角形中的 2 字节色彩信息（Attribute Byte Count）也同样有效，只是定义不同，具体如下：

① 第 0～4 位：表示红色强度级别信息（值为 0 到 31）。
② 第 5～9 位：表示绿色强度级别信息（值为 0 到 31）。
③ 第 10～14 位：表示蓝色强度级别信息（值为 0 到 31）。
④ 第 15 位：取值 0 表示色彩有效；取值 1 表示采用整个对象使用的色彩参数。

红、绿、蓝色彩的信息在两种不同的方案中存储的顺序是相反的，这导致文件中色彩存储的信息很容易被解析错，更麻烦的是许多 STL 文件解析程序并不能自动区分这两种色彩显示方案。

4.4　模型中需要注意的地方

3D打印建模规范

4.4.1　注意地方

（1）物体模型必须为封闭的　也可以通俗的说是"不漏水的"（Watertight）。有时要检查出模型是否存在这样的问题有些困难。如果不能够发现此问题，可以借助一些软件，比如 3ds Max 的 STL 检测（STLCheck）功能，Meshmixer 的自动检测边界功能。一些模型修复软件也是能做的，比如 Magics，Netfabb 等。如下图，左边的模型是封闭的，右边的模型不封闭，我们可以看到红色的边界。

（2）物体需要厚度　在各类软件中，曲面都是理想的，没有壁厚，但在现实中没有壁厚的东西是不存在的，所以在建模时不能简单的由几个曲面围成一个不封闭的模型，如图 4-11 所示。

（3）物体模型必须为流形　流形（manifold）的完整定义请参考数学定义。简单来看，如果一个网格数据中存在多个面共享一条边，那么它就是非流形的（non-manifold）。如图 4-12 所示，两个立方体只有一条共同的边，此边为四个面共享。

（4）正确的法线方向　模型中所有的面法线需要指向一个正确的方向。如果模型中包含了错误的法线方向，我们的打印机就不能够判断出是模型的内部还是外部。

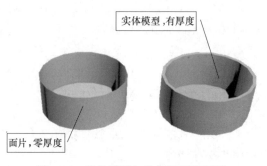

实体模型,有厚度

面片,零厚度

图 4-11　软件模型与实体模型壁厚图

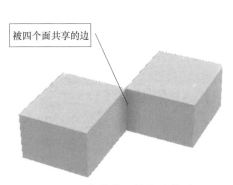

被四个面共享的边

图 4-12 物体模型共享边模型

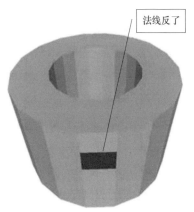

法线反了

图 4-13 物体法线错误模型

（5）物体模型的最大尺寸　物体模型最大尺寸是根据 3D 打印机可打印的最大尺寸而定。点构的变形金刚打印的最大尺寸为 200mm×200mm×200mm，当模型超过打印机的最大尺寸时，模型就不能完整地被打印出来。在 Cura 软件中，当模型的尺寸超过了设置机器的尺寸，模型就显示灰色，如图 4-14 所示。如果要建大尺寸模型时，则需要考虑模型打印出来，组装拼合是否方便的问题。

（6）物体模型的最小厚度　打印机的喷嘴直径是一定的，打印模型的壁厚应考虑打印机能打印的最小壁厚。不然，会出现失败或者错误的模型。一般最小厚度为 2mm，根据不同的 3D 打印机而发生变化。

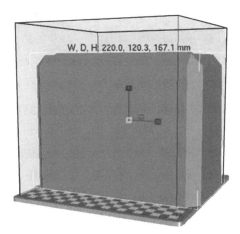

W, D, H: 220.0, 120.3, 167.1 mm

图 4-14 物体模型打印尺寸

图 4-15 模型打印厚度

（7）45°法则　任何超过 45°的突出物都需要额外的支撑材料或是高明的建模技巧来完成模型打印，而 3D 打印的支撑结构比较难做。添加支撑又耗费材料，又难处理，而且处理之后会破坏模型的美观。因此，建模时尽量避免需要加支撑，如图 4-16 所示。

（8）设计打印底座　用于 3D 打印的模型最好底面是平坦的，这样既能增加模型的稳定性，又不需要增加支撑。可以直接用平面截取底座获得平坦的底面，或者添加个性化的底座，如图 4-17 所示。

（9）预留容差度　对于需要组合的模型，如图 4-18 所示，我们要特别注意预留容差

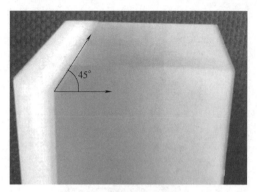

图 4-16　模型打印 45°法则

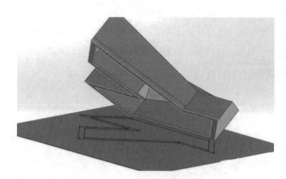

图 4-17　模型底座设计

度。要找到正确的度可能会有些困难，一般解决办法是在需要紧密接合的地方预留 0.8mm 的宽度，给较宽松的地方预留 1.5mm 的宽度。但是这并不是绝对的，还得深入了解打印机性能。

（10）多余的几何形状需要删掉　如果建模时的一些参考点、线或面，还包括一些隐藏的几何形状，在建模完成时没有删掉，则需要删掉多余的几何形状。

（11）删掉重复的面片　建模时两个面叠加在一起就会产生重复的面片，需要删去重复的面。

（12）体块和体块间要进行布尔运算。

图 4-18　组合模型

4.4.2　纠错软件

（1）NetFabb　如图 4-19 所示，该免费软件可以编辑 STL 文件。它可以用来打开

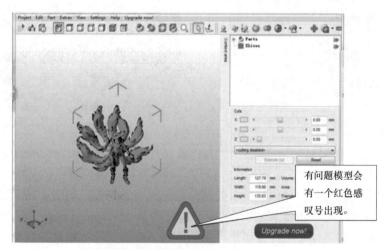

有问题模型会有一个红色感叹号出现。

图 4-19　NetFabb 界面

STL 并显示模型中存在的一些错误信息。其中包含的针对 STL 的基本功能：分析、缩放、测量、修复。

（2）Magics 可以按照想象的效果来精确修复和操作 STL 文件。在众多本地应用程序中，有效修复 STL 或模型问题，使用 Magics 是相当有效率的。许多需要在本地应用程序处理的任务可以在 Magics 上更快的实现。这个程序主要为使用光固化机（SLA）的工程师设计，他们已经开始整合一些很有意思的建议，来帮助修复建筑文件中出现的问题，如"收缩表皮"问题。Magics 可以修复漏孔和坏边，联合两个布尔型的固体，倒置三角形的法线，创建壳结构或有其他特点的固体。虽然应用程序很优秀，但是想变得高效仍然需要一个渐进的学习过程。

因为 3D 打印设计模型与"传统的"数字媒体制作的模型有许多的不同，如果在制作模型的时候记住这些限制约束，那设计的模型将能在 3D 打印机的帮助下，完美的展示出来。

4.5　3D 建模的特点：自由

4.5.1　3D 打印技术对设计产业的影响

4.5.1.1　独立设计师与品牌的崛起

传统的产品设计模式受到固有的减法式生产方式所制约，与制造商利益高度相关的专业设计师主导着产品设计。随着 3D 打印技术的日趋成熟，独立设计师对于传统加工业的依赖性将越来越小。由于以往生产模式的限制，设计师要把自己的想法变成实际产品必须与制造商合作，在付出不菲的生产费用的同时还必须时刻防止由于信息交流不畅而造成的产品质量瑕疵，从而浪费了大量原本可用于创作的时间与精力。以大批量生产模式生产小批量产品导致最终商品的价格较高，从而影响到产品与品牌的推广。未来的 3D 打印技术可以让设计师自行制造设计作品，然后通过传统渠道或者网络平台进行销售。设计师完全可以根据订单进行生产，实现零库存，规避商业风险。

4.5.1.2　社会化设计的兴起

由于企业对于生产环节的垄断，目前产品的设计与开发基本由企业主导，具体过程由设计师执行，消费者只能被动接受结果。这种状况割裂了消费者的需求与产品设计间的关系。随着 3D 打印的兴起，生产制造格局由以往的集中化、大批量的专业化制造转变为分散化、小批量的社会化制造。每个消费者都可能变成设计师和生产商，对于那些具有较强的创新意识，具备一定的设计、研发能力的领先用户更是如此。正如《第三次浪潮》中所预测，消费者将对消费品的生产过程施加更多影响，从而演变成"生产消费者"。在后工业时代，其实每个人都是设计师，也就是说设计是非集约化的，传统意义的设计师不再依靠自己的力量独立完成设计，而是开始扮演设计组织者的角色，建立良好的社区，组织有效的设计平台。

随着 3D 打印技术所带来的社会化制造，新的社会化设计模式——"设计众包"也将大行其道。设计众包是指一个公司或机构把过去由员工执行的设计任务以自由自愿的形式外包给非特定的大众网络的做法。例如成立于 2009 美国 Quirky 公司通过网络媒体接收公众提交的产品设计思路，并由公司的注册用户进行评论和投票表决，如此每周挑选出一个产品进行 3D 打印生产，参加产品设计和修正过程的众包人员可分享 30% 的营业额。这种新颖的设计众包模式打破了以往专业设计团队对产品设计流程的垄断，为产品创新注入了新的活力，从而使消费者的需求与产品设计更加紧密地结合在一起。

4.5.2　展望

未来的 3D 打印技术不仅从根本上改变了延续近百年的现代制造业模式，也从深层影响了设计领域的方方面面。未来的设计师将不会再把自己的想象力固封在产品加工工艺的牢笼中，设计师的想象力与创造力会得到空前的激发。独立设计师可依靠 3D 打印技术将自己的创意变成真实的产品，从而催生大量独立设计师及设计品牌。设计的社会化趋势将会打破以往设计组织的僵硬的结构划分，消费者获得了自己设计、生产产品的权力。

4.5.3　基本 3D 打印建模方法

建模方法

现在市场中入门建模软件较多，本节以软件"3D one"为例，提供了软件的使用及建模操作视频供学习者使用，其中包括建模软件基本命令的使用、基本命令综合建模练习视频，希望有助于大家学习 3D 打印模型的建模方法。

第5章

3D打印材料

5.1 3D打印材料的要求

3D打印对材料性能的一般要求：有利于快速、精确地加工原型零件；产物应当接近最终要求，应尽量满足对强度、刚度、耐潮湿性、热稳定性能等的要求；产物应该有利于后续处理工艺。

3D打印的四个应用目标：概念型、测试型、模具型、功能零件，对成型材料的要求也不同。

概念型对材料成型精度和物理化学特性要求不高，主要要求成型速度快。如对光敏树脂，要求较低的临界曝光功率、较大的穿透深度和较低的黏度。

测试型对于成型后的强度、刚度、耐温性、抗蚀性能等有一定要求，以满足测试要求。如果用于装配测试，则要求成型件有一定的精度要求。

模具型要求材料适应具体模具制造要求，如强度、硬度。对于消失模铸造用原型，要求材料易于去除，烧蚀后残留少、灰分少。

功能零件则要求材料具有较好的力学和化学性能。

目前常用的3D打印技术主要思路有烧结、沉积、光固化等，而各种不同的思路对于材料的要求也是不一样的。

5.1.1 烧结

理论上讲，所有受热后能相互粘结的粉末材料或表面覆有热塑（固）性粘结剂的粉末材料都能用作SLS材料。

但要真正适合SLS烧结，要求粉末材料有良好的热塑（固）性，一定的导热性，粉末经激光烧结后要有一定的粘结强度；粉末材料的粒度不宜过大，否则会降低成型件质量；而且 SLS 材料还应有较窄的"软化—固化"温度范围，该温度范围较大时，制件的精度会受影响。

大体来讲，3D 打印激光烧结成型工艺对成型材料的基本要求是：具有良好的烧结性能，无需特殊工艺即可快速精确地成型原型；对于直接用作功能零件或模具的原型，机械性能和物理性能（强度、刚性、热稳定性、导热性及加工性能）要满足使用要求；当原型间接使用时，要有利于快速方便的后续处理和加工工序，即与后续工艺的接口性要好。

5.1.2 沉积

FDM 的成型质量除受成型设备和数据处理软件的影响外，还取决于成型材料和成型工艺参数。用于 FDM 的热塑性塑料应具有低的凝固收缩率、陡的粘温曲线和较好的强度、刚度、热稳定性等物理机械性能。

在进行 FDM 工艺之前，聚合物材料首先要经过螺杆挤出机制成直径 2mm 的单丝，所以需满足挤出成型方面的要求。

针对 FDM 的工艺特点，聚合物材料还应满足以下要求。

（1）机械性能　丝状进料方式要求料丝具有一定的弯曲强度、压缩强度和拉伸强度，这样在驱动摩擦轮的牵引和驱动力作用下才不会发生断丝现象，支撑材料只要保证不轻易折断即可。

（2）收缩率　成型材料收缩率大，会使 FDM 工艺中产生内应力，是零件产生变形甚至导致层间剥离和零件翘曲；支撑材料收缩率大，会使支撑产生变形而起不到支撑作用。材料的收缩越小越好。

（3）对于成型材料，应保证各层之间有足够的黏结强度；对于可剥离性支撑材料，应与成型材料之间形成较弱的黏结力，对于水溶性支撑材料，要保证良好的水溶性，应能在一定时间内溶于碱性水溶液。

5.1.3 光固化

材料基本要求黏度低，利于成型树脂较快流平，便于快速成型。

固化收缩小，固化收缩导致零件变形、翘曲、开裂等，影响成型零件的精度，低收缩性树脂有利于成型出高精度零件。

湿态强度高，较高的湿态强度可以保证后固化过程不产生变形、膨胀及层间剥离。

溶胀小，湿态成型件在液态树脂中的溶胀造成零件尺寸偏大；杂质少，固化过程中没有气味，毒性小，有利于操作环境。

应用于 SLA 技术的光敏树脂，通常由两部分组成，即光引发剂和树脂，其中树脂由预聚物、稀释剂及少量助剂组成。

当光敏树脂中的光引发剂被光源（特定波长的紫外光或激光）照射吸收能量时，会产生自由基或阳离子，自由基或阳离子使单体和活性齐聚物活化，从而发生交联反应而生成高分子固化物。

树脂在固化过程中都会发生收缩，通常线收缩率约为 3%。从高分子化学角度讲，光敏树脂的固化过程是从短的小分子体向长链大分子聚合体转变的过程，其分子结构发生很大变化，因此，固化过程中的收缩是必然的。

从高分子物理学方面来解释，处于液体状态的小分子之间为范德华作用力，而固体态的聚合物，其结构单元之间处于共价键距离，共价键距离远小于范德华力的距离，所以液态预聚物固化变成固态聚合物时，必然会导致零件的体积收缩。

尽管树脂在激光扫描过程中已经发生聚合反应，但只是完成部分聚合作用，零件中还有部分处于液态的残余树脂未固化或未完全固化（扫描过程中完成部分固化，避免完全固化引起的变形），零件的部分强度也是在后固化过程中获得的，因此，后固化处理对完成零件内部树脂的聚合，提高零件最终力学强度是必不可少的。后固化时，零件内未固化树脂发生聚合反应，体积收缩产生均匀或不均匀形变。

与扫描过程中变形不同的是，由于完成扫描之后的零件是由一定间距的层内扫描线相互粘结的薄层叠加而成，线与线之间、面与面之间既有未固化的树脂，相互之间又存在收缩应力和约束作用，以及从加工温度（一般高于室温）冷却到室温引起的温度应力，这些因素都会产生后固化变形。但已经固化部分对后固化变形有约束作用，减缓了后固化变形。

5.2　常用的材料

打印机的分类、
材料应用

5.2.1　塑料

塑料也称为树脂，由于可以自由改变形体样式，使用非常方便，已逐渐成为各种生产制造中最为常见的合成高分子化合物。通常是以单体为原料，通过加聚或缩聚反应聚合而成的。

图 5-1　ABS、PLA 材料模型

在 3D 打印中，最常使用的塑料材料是 ABS 和 PLA。

（1）材料特性　强度较高、细节中、表面光滑度中、抗腐蚀性高、柔韧性中。

（2）适用设备　开源 REPRAP 系列、Stratasys 公司的 Replicatr 系列、30Systems 公司的 Cube 系列等。

（3）主要用途　机械制造、模型设计、教育医疗、服装艺术等。

5.2.2　光敏树脂

光敏树脂，俗称紫外线固化无影胶，或 UV 树脂（胶），主要由聚合物单体与预聚体组成，其中加有光（紫外光）引发剂，或称为光敏剂。在一定波长的紫外光（250～300nm）照射下便会立刻引起聚合反应，完成固态化转换。

在正常情况下，光敏树脂一般作为液态来保存，常用于制作高强度、耐高温、防水等的材料。随着光固化成型（SLA）3D打印技术的出现，该材料开始被用于3D打印领域。由于通过紫外线光照便可固化，可以通过激光器成形，也可以通过投影直接逐层成型。因此，采用光敏树脂作为原材料的3D打印机普遍具备成形速度快、打印时间短等优点，图5-2为光敏树脂材料模型。

图5-2 光敏树脂材料模型

（1）材料特性 强度低、细节高、表面光滑度高、抗腐蚀性中、柔韧性低。

（2）适用设备 3D Systems公司的SLA系列、Unirapid公司的Unirapid系列。

（3）主要用途 珠宝首饰、模型设计、机械制造等。

5.2.3 金属材料

5.2.3.1 铁合金

铁是自20世纪80年代以来人类所发现的最为重要的结构金属之一，铁合金以其超高的强度、良好的耐蚀性以及耐高温等特点而被广泛用于各个领域。目前，基本上世界上所有具备实力的国家都将铁合金材料作为非常重要的研究方向，对其投入大量研发力量和资金，使得这项出现不久的新材料迅速得到了巨大的发展和应用。

正由于铁合金的高硬度，导致通过传统工艺进行切削加工特别困难，但这也只是难于切削加工的原因之一，关键还在于铁合金本身的化学、物理、力学性能间的综合影响，使得目前的铁合金加工处理工艺非常复杂。目前，结构铁合金正向高强度、高可塑、高韧性、高模量和高损伤容限方向发展。图5-3为铁合金材料模型。

图5-3 铁合金材料模型

（1）材料特性 质量轻、强度高、细节好、抗腐蚀性高、机械性能高。

（2）适用设备 EOS公司M系列、3D Systems公司sPro系列金属粉末烧结成型设备。

（3）主要用途 航空航天、医疗生物、高端制造等。

5.2.3.2 钢铁

钢铁粉末主要是指直径尺寸小于 0.5mm 的铁颗粒集合体，颜色呈黑色，是粉末冶金的主要原材料。按粉末粒度来分，一般分为粗粉、中等粉、细粉、微细粉和超细粉五个等级。其中，粒度为 $150\sim500\mu m$ 范围内的颗粒组成的铁粉称为粗粉，粒度在 $44\sim150\mu m$ 的为中等粉，$10\sim44\mu m$ 的为细粉，$0.5\sim10\mu m$ 的为极细粉，小于 $0.5\mu m$ 的为超细粉。从目前工艺水平来说，一般能通过 325 目标准筛的粉末称为亚筛粉（即粒度小于 $44\mu m$ 的粉末），但要想进行更高精度的筛分则只能用气流分级设备，但对于一些易氧化的铁粉则只能用 JZDF 氨气保护分级机来实现，这些也导致了不同等级的铁粉价格上的巨大差距。

铁粉作为当前粉末冶金工业中一种最重要的金属粉末，在工业冶金生产中用量最大，耗用量约占所有金属粉末总消耗量的 85% 左右。主要用于制造各种机械零件和工业器具，这些应用约占铁粉总产量的 80% 左右。图 5-4 为金属材料模型。

图 5-4　金属材料模型

（1）材料特性　强度高、细节一般、表面光滑度较高、抗腐蚀性高、柔韧性低。

（2）适用设备　EOS 公司 M 系列、3D Systems 公司 sPro 系列金属粉末烧结成型设备。

（3）主要用途　工业制造、模型设计、建筑等。

5.2.3.3 铝合金

铝合金的需经过制粉、压实、脱气、烧结热压等处理工艺流程，最后再通过塑性变形加工等方法制成。

对于一些不能用传统冶金工艺制取的铝合金却能通过粉末冶金工艺获得，并且几乎每个 PM 铝合金的物理、化学性能和力学性能都比相似成分 IM 铝合金的高，因此粉末冶金方法已逐渐成为发展新型铝合金材料的重要途径之一，一些工业发达国家都投入了大量科研力量和资金用于发展粉末冶金铝合金。当前存在的主要问题是，因为粉末冶金工艺包括有制粉、脱气和压实工序，工艺比较复杂，因此生产成本比较高，阻碍它的大规模生产和广泛应用。铝合金粉末在 3D 打印领域的使用和铁合金、钢铁粉末非常相似，主要被用于激光烧结 SLS 设备。图 5-5 所示为铝合金材料模型。

（1）材料特性　强度高、细节好、表面光滑度中、抗腐蚀性高、柔韧性低。

（2）适用设备　EOS 公司 M 系列、3D Systems 公司 sPro 系列金属粉末烧结成型设备。

（3）主要用途　工业制造、模型设计、建筑等。

5.2.3.4 金银

随着人们生活水平的提高和社会的进步，人们对个性化饰品的要求越来越高。传统加工方法普遍使用的是"减材制作"，整个加工过程会产生大量原材料的浪费，当加工材料为贵重金属（如金银）时，该浪费产生的成本将是巨

图 5-5　铝合金材料模型

大的。同时，贵重金属的加工往往对工艺的复杂性也会有非常高的要求，这又进一步加大了传统加工方法的成本。

目前，国际上在该领域也出现了比较成熟的解决案例，Suuz 是一家位于荷兰的 3D 打印公司，通过借助最新的 3D 打印技术和交互式设计模式，首次实现了基于电子平台的贵金属首饰个性化定制服务，人们所需要的首饰设计及定制工作全部都可以在 Suuz 的官方网站上实现。

下面以一枚戒指（定制页面见图 5-6）为例展示该网站的定制流程。

① 通过下拉列表选择喜欢的首饰风格。

② 选择需要的颜色和材料　目前可选择的材料包括金、银和多种颜色的尼龙，选择的材料不同，价格自然也不相同。

③ 在下图右侧的文本框中输入你喜欢的文字内容，并单击文本框下方的按钮完成设计。系统会根据输入的文字自动完成戒指的三维模型，并弹出"Add to shopping cart"（放入购物车）菜单。

④ 确定所制定饰品的尺寸规格和数量，最后提交订单完成付款。完成这些步骤之后就可以在家坐等自己设计定制的首饰快递上门了。

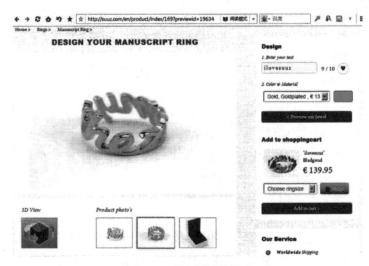

图 5-6　贵金属材料模型

① 材料特性　强度高、细节好、表面光滑度高、抗腐蚀性高、机械性能中。
② 适用设备　EOS 公司 M 系列、30 SystemszsPro 系列金属粉末烧结成型设备。
③ 主要用途　珠宝首饰、工艺美术、高端制造等。

5.2.4　其他材料

在所有 3D 打印原材料中，最让人感到神奇的非"生物墨水"莫属，因为使用这些作为原材料的设备甚至能直接打印出需要的人体细胞和器官。那时，外科医生在进行器官移植的时候将不再需要花费漫长的时间等待合适的器官，只需要轻松按下按钮，3D 生物打印机就可以"制造"出需要的器官。

澳大利亚 Invetech 公司和美国 Organova 公司合作研制出了全球首台商业化 3D 生物打印机，目前这台 3D 打印机已能实现静脉的打印制造，虽然距离制造心脏等大型脏器还有很长的路要走，但这已经足够让整个医疗行业兴奋不已。生物打印机主要使用一些特殊的材料，其中包括人体细胞制作的生物墨水，以及同样特别的生物纸。当开始打印时，打印机的打印喷头按计算机上位软件计算好的打印轨迹将生物墨水用特定方式喷洒到生物纸上，通过层层累加形成最终需要的器官，其原理和效果如图 5-7 所示。

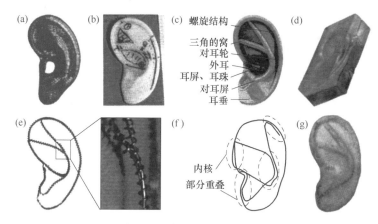

图 5-7　生物墨水打印原理图

目前，来自美国麻省总医院的研究人员已经使用来自牛羊的组织细胞和一台 3D 打印机制造出了一只活生生的人耳，制作的过程如图 5-8 所示。打印的人工耳朵包括两个"天然的弹性弯曲"，跟真正的耳朵一样。根据项目负责人的介绍，人工耳在生长 12 周后，还能够保持良好的耳朵形状，同时支撑部件也仍然具备软骨的自然弹性。

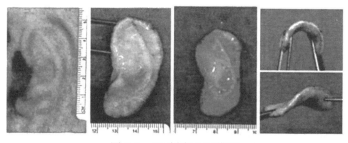

图 5-8　3D 打印人耳模型

（1）材料特性　生物功能性高、生物相容性高、化学稳定性高、可加工性中。
（2）适用设备　美国 Organov 公司、杭州电子科大的 Regenovo 等。
（3）主要用途　生物、科研、医疗等。

第6章

3D扫描

6.1 3D 扫描介绍：概念、目的

3D 扫描

　　三维扫描是集光、机、电和计算机技术于一体的高新技术，主要用于对物体空间外形和结构及色彩进行扫描，以获得物体表面的空间坐标。它的重要意义在于能够将实物的立体信息转换为计算机能直接处理的数字信号，为实物数字化提供了相当方便快捷的手段。三维扫描技术能实现非接触测量，且具有速度快、精度高的优点。而且其测量结果能直接与多种软件接口，这使它在 CAD、CAM、CIMS 等技术应用日益普及的今天很受欢迎。在发达国家的制造业中，三维扫描仪作为一种快速的立体测量设备，因其测量速度快、精度高、非接触、使用方便等优点而得到越来越多的应用。用三维扫描仪对手板、样品、模型进行扫描，可以得到其立体尺寸数据，这些数据能直接与 CAD/CAM 软件接口，在 CAD 系统中可以对数据进行调整、修补，再送到加工中心或快速成型设备上制造，可以极大的缩短产品制造周期。

　　3D 扫描技术与传统的平面扫描和照相技术不同，3D 扫描的对象不再是图纸、照片等平面图案，而是立体的实物；获得的不是物体某一个侧面的图像，而是其全方位的三维信息；输出也不是平面图像，而是包含物体表面各采样点的三维空间坐标和色彩信息的三维数字模型。随着技术的进步和成本的下降，3D 扫描仪也开始从生产资料领域进入消费品领域，越来越多的家庭和个人会利用 3D 扫描仪来复制或创作 3D 数字化模型。但是，要将扫描仪获取的模型数据打印出来，还需要学习和掌握扫描数据的处理技术，所以第 4、5 两章将重点学习不同类型的扫描方法和对扫描数据的修复及编辑技能。

　　传统的产品设计都是设计师根据零件或产品最终所要承担的功能和性能要求，利用 CAD 软件从无到有地进行设计，从概念设计到最终形成 CAD 模型是一个确定、明晰的过程。而逆向工程（也可称反求设计）设计可以狭义地理解为在设计图纸没有、不全或没有 CATS 模型的情况下，对零件样品的物理模型进行测量，在此基础上重构出零件的设计图

纸或 CAD 模型的过程。所以逆向工程具有与传统设计过程相反的设计流程。在逆向工程中，按照已有的零件原形进行设计生产，零件所具有的几何特征与技术要求都包含在原形中，故反求过程实际上是一个推理和逼近的过程。

逆向工程需要用到的数字化测量设备有：三坐标测量机（Coordinate Measurement Machine，CMM）、3D 扫描仪、计算机断层扫描机（常称 CT）以及核磁共振仪 MRI（Magnetic Resonance Imaging）等。

创建物体的三维几何模型需要首先获取物体表面数以几万到几百万级的密集点云（Point Cloud）数据，3D 扫描仪可以帮助人们以高效和准确的方式获取物理对象的表面点云数据。由于点云本身是规模很大的离散数据集，所以 3D 扫描仪还要和数据拟合软件配合使用，才能获得初步的扫描几何模型（如 PLY，STI 模型）。扫描获得的几何模型还需要由专门针对逆向工程的 CAD 软件处理才能被 3D 打印机接受并进行打印。从 3D 扫描到 3D 打印的整个流程可以用图 6-1 的一个卡通人物从①～⑥的 6 个步骤来表示。

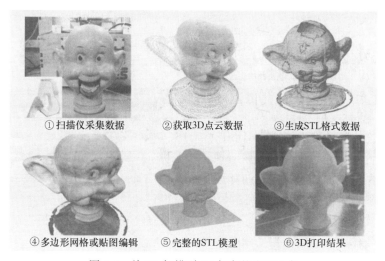

　　①扫描仪采集数据　　　②获取3D点云数据　　　③生成STL格式数据

　　④多边形网格或贴图编辑　　⑤完整的STL模型　　　⑥3D打印结果

图 6-1　从 3D 扫描到 3D 打印的流程示意

6.2　3D 扫描原理

6.2.1　被动式接触测量

接触式三维扫描仪探针主体需要通过身体的接触，而对象是接触或依靠在精密平面平板和地面上的。它被抛光到一个特定的最大粗糙表面。这里所要扫描的对象如果不是平整的或不能依靠在稳定的一个平面上的时候，它就需要一个支持和固定的地方。

扫描仪的机制可能有三种不同的形式：

（1）一个带刚臂架系统处于紧紧垂直状态，各轴沿轨道滑行。平面轮廓形状或简单的凸曲面这样的系统才是最好的。

（2）铰接臂刚性骨骼和高精度角传感器。对手臂的位置涉及复杂的数学手腕旋转角度及各关节铰链角计算。这对于探讨裂隙和小开口的内部空间是理想的。

（3）两者结合的方法可以使用，如悬浮铰接臂旅游车、大型映射与内腔或重叠的物体表面。

ACMM（坐标测量机）是一个接触式三维扫描仪的例子，它可以非常精确地用于生产。ACMM 缺点是它需要与被扫描的物体接触。因此，扫描对象可能会有改变或被破坏。这个事实是非常重要的，当扫描微妙或贵重物品，如历史文物时。坐标测量机的另一个缺点是，他们与其他的扫描方法相比相对缓慢。物理上移动探针安装的手臂可以非常慢和快，坐标测量机的操作范围是几百赫兹上。相比之下，一个激光扫描仪的光学系统的操作范围可以从 10 到 500 千赫。

6.2.2　激光三角扫描

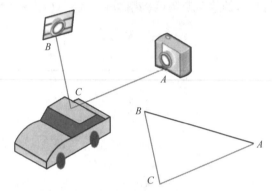

对于短距离扫描（一般小于 1m 的聚焦距离），可以用激光三角测量扫描（Laser Triangulation 3D Scanner）技术。其原理是：由光源 A 发射激光线或单一激光点照射一个物体对象 C，传感器 B 获取激光反射信号，系统利用三角形测量原理计算出物体对象与扫描仪间的距离，如图6-2 所示。激光源和传感器之间的距离，

图 6-2　激光扫描三角形成像原理

也包括激光源和传感器之间的角度是已知的，且非常精确。随着激光扫描对象，系统可以获得激光源到物体表面的距离以及角度数值。

6.2.3　激光脉冲

激光脉冲型扫描仪（Laser Pulse-based 3D Scanner），又称飞行时间（Time-of-flight，TOF）扫描仪，是一种主动式激光扫描仪。它基于一个非常简单的概念：光的速度是已知的，非常精确，所以如果知道激光到达坐标并反射回传感器需要的时间。就可知道距物体的距离是多少。图 6-3 即是一款以时差测距为主要技术的激光测距仪（C baser Rangelinder）。此激光测距仪确定仪器到目标物表面距离的方式是从测定仪器所发出的激光脉冲往返一趟的时间换算而得的，即仪器发射一个激光脉冲，激光碰到物体表面后反射，再由仪器内的探测器接收信号并记录时间。由于光速 c 为已知值（$c = 299792458m/s$），由光信号往返一趟的时间即可换算为信号所行走的距离，此距离为仪器到物体

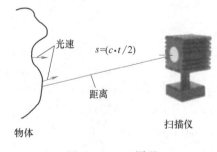

图 6-3　TOF 原理

表面距离的两倍。故若令 t 为光信号往返一趟的时间，则仪器到目标物表面的距离 $s=(c\times t/2)$。显而易见。时差测距式的 3D 激光扫描仪测量精度受测量时间 t 准确度的限制。

因为激光测距仪每发一个激光信号只能测量单一点到仪器的距离，故扫描仪若要扫描完整的视野，就必须使每个激光信号以不同的角度发射。激光测距仪可通过本身的水平旋转或系统内部的旋转镜达成此目的。旋转镜由于较轻便、可快速环转扫描，且精度较高，是较广泛应用的方式。典型的时差测距式激光扫描仪每秒约可测量 10000～100000 个目标点。

6.2.4 激光相移

激光相位移 3D 扫描仪（Laser Phase-shift 3D Scanner）采用的是另一类激光测距 3D 扫描技术，其工作方式类似于激光脉冲扫描系统。激光相位移 3D 扫描仪能调节激光脉冲的功率，其测量原理如图 6-4 所示，扫描仪会对发送出去的光束（红色）和返回到传感器的光束（黄色）的相位进行比较，根据相位移测量（紫色方波）来获得更精确的空间点的距离信息，如图 6-4 所示。

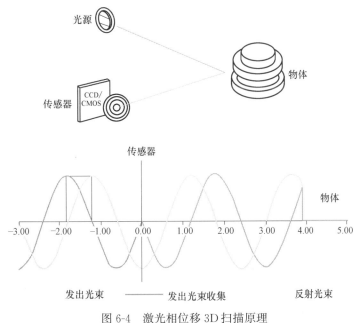

图 6-4　激光相位移 3D 扫描原理

激光脉冲扫描和相位移测距都适合中长距（>2m 的对焦距离）的三维测量，两者的对比见表 6-1。

表 6-1　　　　　　　　　　激光脉冲扫描和相位移测距对比

中长距三维扫描	优　　点	缺　　点
激光脉冲扫描	适合中长距(2～1000m)	精度低、采集数据慢、噪声高
相位移测距	更精确、数据采集快、噪声低	适合中等距离

6.2.5　结构光

结构光（Structured Light）3D扫描方法是一种主动式光学测量技术，其基本原理是由结构光投射器向被测物体表面投射可控制的光点、光条或光面结构，并由图像传感器（如CCD摄像机）获得图像，利用三角测量原理计算得到物体表面的三维坐标点云。结构光测量方法具有计算简单、体积小、价格低、量程大、便于安装和维护的特点，但是测量精度受物理光学的限制，存在遮挡问题，测量精度与速度相互矛盾，难以同时得到提高。

结构光3D扫描技术以共角测量为基础，通过光线的编码构成多种多样的视觉传感器，如图6-5所示。它主要分为点结构光法、线结构光法和面结构光法。

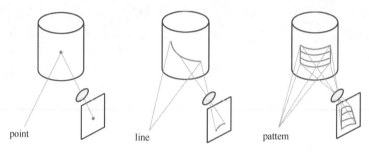

point　　　　　line　　　　　pattem

图6-5　基于光学三角法测量的三种光线投影形式

（1）点结构光法　激光器投射一个光点到待测物体表面，被测点的空间坐标可由投射光束的空间位置和被测点成像位置所决定的视线空间位置计算得到。由于每次只有一点被测量，为了形成完整的三维面形，必须对物体逐点扫描测量。它的优点是信号处理比较简单，缺点是图像摄取和图像处理需要的时间随着被测物体的增大而急剧增加，难以完成实时测量。

（2）线结构光法　用线结构光代替点光源，只需要进行一维扫描就可以获得物体的深度图像数据，数据处理的时间大大减少。线结构光测量时需要利用辅助的机械装置旋转光条投影部分，从而完成对整个被测物体的扫描。与点结构光法相比，其硬件结构比较简单，数据处理所需的时间也更短。

（3）面结构光法　该系统由投影仪和面阵CCD组成。结构光照明系统投射一个二维图形（该图形可以是多种形式）到待测物体表面，如将一幅网格状图案的光束投射到物体表面，通过三角法同样可计算得到三维图形。它的特点是不需扫描，适合直接测量。

目前基于面结构光法原理的拍照式3D扫描仪应用越来越多，其基本原理是：测量时光栅投影装置投影数幅特定编码的结构光（条纹图案）到待测物体上，呈一定夹角的两个摄像头同步采集相应图像，然后对图像进行解码和相位计算，并利用三角形测量原理解出两个摄像机公共视区内像素点的三维坐标。其原理如图6-6所示。采用这种测量方式，使得对物体进行照相测量成为可能，故也可以称为拍照式3D扫描仪。它类似于用照相机对视野内的物体进行照相，不同的是照相机摄取的是物体的二维图像，而扫描仪获得的是物体的三维信息。与传统的三维扫描仪不同的是，该扫描仪能同时测量一个面。拍照式3D扫描仪可随意搬至下一件被测样品位置进行现场测量，可调节成任意角度进行全方位测

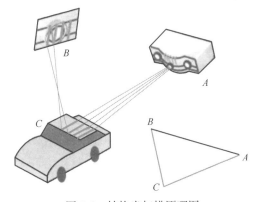

图 6-6 结构光扫描原理图

量，对大型工件可分块测量，测量数据可实时自动拼合，非常适合各种大小和形状复杂的物体（如汽车、摩托车外壳及内饰、家电、雕塑等）的测量。

拍照式 3D 扫描仪采用非接触白光或蓝光，避免了对物体表面的接触，可以测量各种材料的模型，测量过程中被测物体可以任意翻转和移动，可对物件进行多个视角的测量，系统可全自动进行拼接，轻松实现物体 360°的高精度测量。并且能够在获取表面三维数据的同时，迅速获取纹理信息，得到逼真的物体外形，目前已应用于快速制造行业工件的三维测量。

上述两种扫描测量方式对比如表 6-2 所示。

表 6-2   扫描测量方式对比

短距离三维扫描	优 点	缺 点
激光三角形	形式多样 面扫描 可以做成手持式或者悬臂式便于携带 对扫描对象预处理要求低 对扫描件背景光不敏感	一般扫描精度较低 分辨率较低 景深小(一般只有 100 多 mm) 数据噪声较大
结构光测量	扫描速度极快数秒内可以得到数百万点云 一次得到一个面,测量点分布非常规则 扫描精度高可达 0.03mm 便携性好可搬到现场进行测量 景深大(结构光扫描仪的扫描深度可达 300～500mm)	

6.3 3D 扫描的应用实例

用最佳拟合方式对齐点云是 Capture 扫描仪具有的一种非常高效的 3D 点云数据对齐方式，这种方式利用扫描数据间的共同区域自动进行对齐。如果扫描数据间的共同区域足够多，可以使用这种对齐方式。如果对象有足够多的特征，其运行自动对齐功能成功的可能性就大一些，而对于特征较少且有连续曲率的对象来说，如盘子、平板、吊车架，就不适合使用最佳拟合方式。如果对象的特征很复杂、很多，对于完成整个扫描来说，最佳拟合方式是最简单、最快速的扫描数据处理方式。

现以一个如图 6-7 所示的 QQ 公仔的扫描来说明如何实现最佳拟合方式，操作步骤如下。

（1）如果对象的颜色很鲜艳，可将曝光设置在 10～20ms，如图 6-8 所示，单击【扫描】按钮。根据对象的颜色，曝光是不同的。例如，白色的对象就比黑色的对象所需的曝光少。

（2）在完成了第一个扫描数据后，移动对象，再单击【扫描】按钮。第一个与第二个扫描数据应当有重叠的扫描区域，第一个与第二个扫描数据将会自动被对齐，如图 6-9 所示。

图 6-7　对 QQ 公仔摆件进行扫描

图 6-8　曝光设置

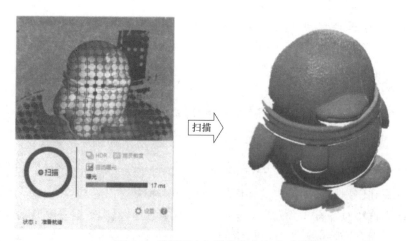

图 6-9　前后两次扫描数据会自动对齐

（3）移动对象后，扫描第三个数据，自动保存扫描数据，如图 6-10 所示。

（4）重复扫描正面区域，直至覆盖了对象的全部区域。正面扫描完成后直接将被测物头朝下放置，用同样的方法扫描底部数据。如果被扫描物体特征充足，则底部数据会自动

图 6-10　扫描第三个数据

拼合到正面数据上；如果特征较少，则会出现分离，如图 6-11 所示。如果出现分离情况，应继续进行扫描，后续可以手动分组对齐。

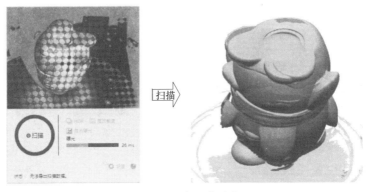

图 6-11　点云未对齐

（5）正反面都扫描完成后，单击屏幕右下角的对钩进行确认，屏幕中会弹出面片精灵对话框，如图 6-12 所示。单击【是】进入面片精灵模式，引导数据拼接处理；单击【否】，则退出面片精灵，直接保留原始数据。可以随后单击菜单【工具】|【扫描工具】|【面片创建精灵】，单独进行拼接。这里单击【是】，确认后会出现如图 6-12 所示的面片精灵视图。

（6）单击面片创建精灵对话框中向右的小箭头，进入下一步，如图 6-13 所示，进入数据编辑模式。

在实体缩略图窗口中清除底部数据的复选框，将倒立的底部数据暂时隐藏，仅显示正面的数据，如图 6-14 所示。

在软件右下角实体缩略图的下方，选择【自由选择】模式，并关闭【仅可见】的选项，如图 6-15 所示。当图标按钮被选择或开启的时候，被选择图标变亮，为亮橙色；若按钮未被选择或者按钮关闭，则图标不变亮。

（7）用自由选择方式，按住鼠标左键不放，框选不需要的数据，并单击【删除】按钮，如图 6-16 所示。

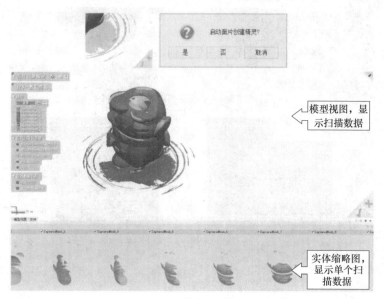

图 6-12　创建精灵视图

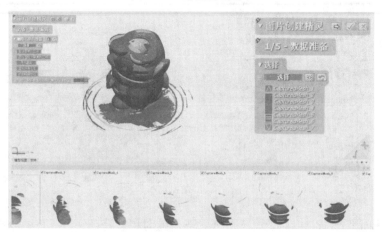

图 6-13　进入数据编辑模式

图 6-14　清除底部数据的复选框

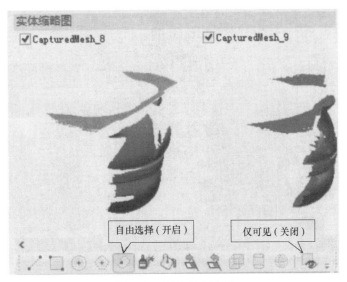

图 6-15 实体自由选择

图 6-16 框选不需要的数据并删除

将无用数据全部删除后，将处理好的正面数据在"实体缩略图"中的复选框全部清除，使之隐藏，并将之前隐藏的底部数据全部选中，使之显示出来，用相同的方法把底部数据中不需要的数据全部删除，如图 6-17 所示。

（8）单击面片创建精灵向右的小箭头，进行下一步，并在"实体缩略图"中任意位置右击，选择【显示全部】，将正反两部分数据全部显示出来，如图 6-18 所示。此时正在进行面片创建精灵的第三步——数据预对齐，有【自动对齐】和【手动对齐】两种选择。

选择【手动对齐】，并单击【参照】按钮，然后在【实体缩略图】界面中依次选择全部的正面数据，被选中的数据会显示在右上方的显示框中；再单击【移动】按钮，并用同样的方法选择背面的数据，则背面的数据就会出现在右下方的显示框中，如图 6-19 所示。

然后用鼠标分别在参照视图和移动视图中的图形上选 3 个近似对应位置点，进行手动对齐，如图 6-20 所示，则主视图中原本分离的两组数据，在手动对齐后基本变成了一个

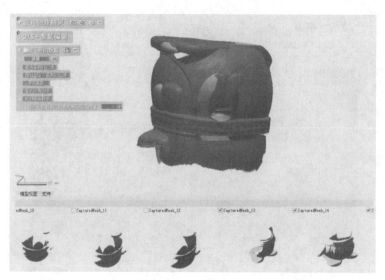

图 6-17　数据操作

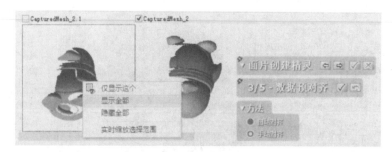

图 6-18　确认数据

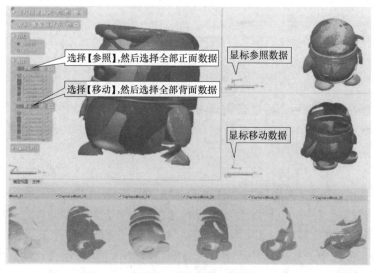

图 6-19　背面数据显示

整体，如图 6-21 所示。

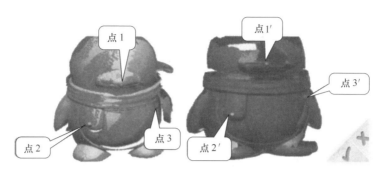

图 6-20　手动对齐

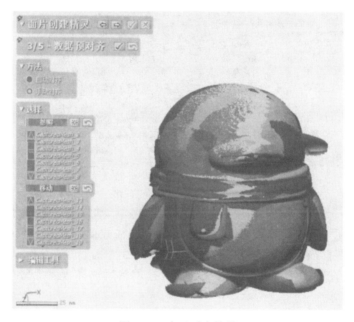

图 6-21　点云对齐结果

（9）单击数据预对其对钩确认后，再单击向右的小箭头进行下一步，进入创建面片精灵第四步——【最佳拟合对齐】模块，开始对数据进行精对齐，如图 6-22 所示。单击【移

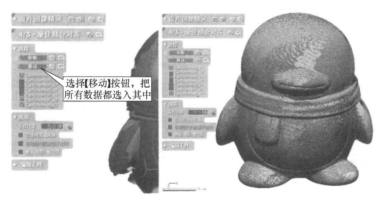

图 6-22　最佳拟合对齐

动】按钮，在【实体缩略图】界面中将所有数据都选中，然后单击最佳拟合对齐的对钩，开始精对齐。运算后的结果如图 6-22 右图所示。

（10）单击向右的小箭头，进入【面片创建精灵】的第五步——数据合并阶段，直接单击数据合并后面的小对钩，开始合并数据，如图 6-23 所示。

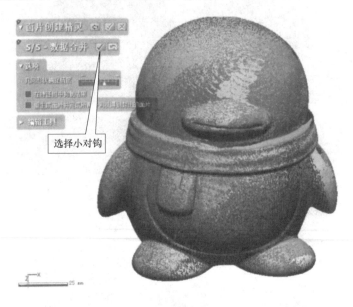

图 6-23 点云数据的合并

使用合并功能，可以删除重叠的区域，将几个扫描数据合并为一个面片。图 6-24 显示的是合并了所有扫描数据后的最终结果。

（11）在界面左侧【特征树】中选择扫描数据，然后选择【面片】，进入面片编辑模块，如图 6-25 所示。

（12）单击【修补精灵】按钮，进入修补精灵模式，单击对钩，自动修复错误数据，如图 6-26 所示。

（13）单击【穴填补】按钮，进入穴填补模式，按组合键 Ctrl＋A 选择全部的孔洞（图 6-27 中蓝色线所标示处即为孔洞），然后按住 Ctrl 键，用鼠标单击不需要修补的孔（如 QQ 存钱罐的投币口），以取消填充该孔，如图 6-28 所示。最后完成孔的修复。

图 6-24 数据合并结果

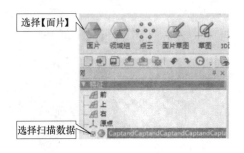

图 6-25 进入面片编辑

单击对钩

图 6-26 自动修复错误数据

【境界】即为孔洞边缘，
下面所示为孔洞名称

选择【曲率】

孔洞

图 6-27 应用模型

按住 Ctrl, 用鼠标单击孔洞

图 6-28 取消填充孔

（14）3D打印前要最后一次运行【修补精灵】，确保数据没有其他问题，然后再单击界面右下角的对钩，至此数据处理完成。

（15）【数据导出】，单击【输出】按钮，进入输出数据界面，在【要素】处选择要输出的数据（选择数据时请在界面左侧【特征树】中选择扫描数据），再单击对钩。输出格式通常选 Binary Stl，如图 6-29 所示。

图 6-29　输出 Binary Stl

第7章
开源3D打印项目REPRAP

7.1　项　目　介　绍

REPRAP 项目最初始的目标是希望能够搭建一台具备完全实现自我复制能力的设备，以便任何使用者都可以以最小的成本获取最原始、最基础的生产制造能力。然后在这一基础之上，实现任何使用者都可以根据各自的不同需求，随时快速地制造出需要的各种物品。

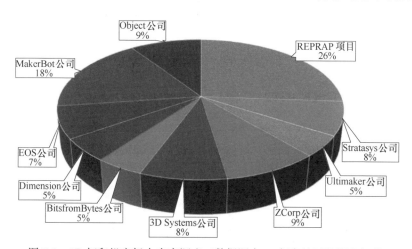

图 7-1　3D打印机市场占有率调查（数据源自 30 打印社区的调查问卷）

这里需要强调一下的是，图 7-1 为 2012 年的统计数据。而截至 2013 年年底，Stratasys 公司已经先后完成了对 Object 和 MakerBot 公司的收购，而另一大行业巨头 3D Systems 公司也收购了历史悠久的 ZCorp 公司。合计占市场份额二分之一的三家公司都已先后被收购，由此也可以看出大量资本正在进入 3D 打印行业，该行业也正在向着兼并聚合的方向高速发展。

得益于项目完全开源的原因，REPRAP 的市场占有率一直是最高的，并且该项目最初的设想也是希望通过自我复制特性，实现病毒一般的快速传播。这样将有利于新型制造、生产模式的快速变革，使得现今从工厂生产制造专利产品的集中生产模式，演变为个人独立完成生产制造的非专利产品模式。同时，完全开放的个人产品生产制造模式，也将大大降低产品的生产周期、缩短产业链，并最大限度地支持产品设计的创新和多样性。一

个全民制造的新时代正随着 3D 打印设备的普及而缓缓拉开，每个人都将拥有制造能力，同时又为每个人的需求而独立制造。

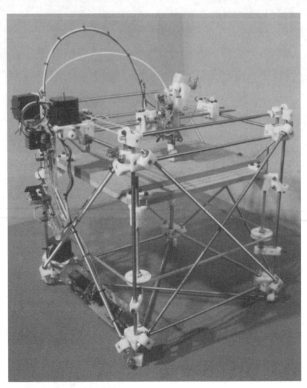

从 2005 年创建至今，RE-PRAP 项目已经先后发布了四个版本的 3D 打印机设计方案，分别是 2007 年 3 月发布的"达尔文"（Darwin）（图 7-2），2009 年 10 月发布"孟德尔"（Mendel）（图 7-3），以及在 2010 年发布的"普鲁士·孟德尔"（PrusaMendel）（图 7-4）和"赫青黎"（Huxley）（图 7-5）。开发设计人员之所以全部都采用著名生物学家们的名字来命名项目方案，正是因为"REPRAP"思想的本质就是复制和进化，且这些设计方案的所有信息都向所有人完全开放，从软件到硬件各种资料都是免费和开源的，都遵循自由软件协议（GNU）和通用公共许可证（GPL）。

图 7-2　R.EPRAP 1.0 版——达尔文（Darwin）

图 7-3　REPRAP 2.0 版——
孟德尔（Mendel）

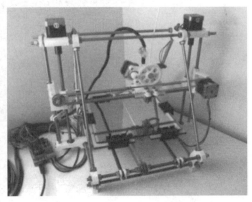

图 7-4　REPRAP 升级版——
普鲁士·孟德尔（Prusa Mendel）

图 7-5　REPRAP 升级版——
赫胥黎（Huxley）

由于 3D 打印机发展成熟后将可以具备自我复制的能力，能够完成自身部件的打印制造，从而组装成新的 3D 打印机。在这样的情况下，便只需花费非常低廉的成本便可以将其传播给需要的每个人和地区。并通过互联网实现设备互联，从而实现复杂产品的协同制造，而不需要昂贵的工业设施。创建者们希望凭借 3D 打印的自我复制特性，帮助 REPRAP 项目实现生物进化一般的发展扩张，并在数量上实现指数形式的增长。

作为一个开放源码的项目，REPRAP 也一直都在鼓励更多的演化改进，允许尽可能多的衍生版本存在，以及不同行业的参与者自由地进行修改和替换。但从目前所有的版本来看，还是有很多的共同特征，例如基本平台都是采用安装在一个计算机控制下的笛卡尔坐标 XYZ 平台，平台框架都是采用金属结构物与打印出的塑料连接部件来构造。所有三个轴都是通过步进电机来驱动，并且在 X 轴和 Y 轴都是通过一个驱动皮带，Z 轴通过螺纹杆驱动等一系列共同特征。

虽然有众多各不相同的机械部件，但 REPRAP 打印机的核心始终是喷嘴挤出头套件。早期的版本挤出机多采用直流电动马达来推送塑料丝原料，使它进入加热管然后通过喷嘴喷出。但设计人员在随后的工作实践中发现直流电动马达会带来巨大的惯性，导致难以快速地启动或停止，进而造成无法精确控制喷嘴吐丝等问题。因此，在后续的版本中，都改用了步进马达（直驱或减速）来推送原料，而夹持原料丝的结构也修改为摩擦滚轴的方式。

在电子部件方面，REPRAP 系列都是基于当前非常流行的 Arduino 平台及其衍生版本，这些平台也属于开源项目，允许使用者直接对源代码进行修改。目前最新版本的设计方案，使用的是 Arduino 衍生版——Sanguino 的主板。一般不同的平台设计都会采用不同的喷嘴挤出套件以及配套的控制器和驱动器。

7.2　基 本 架 构

由于 REPRAP 很多部件都是由塑料制成的，而它同时又可以自由地打印制造出各种各样的塑料部件，所以 REPRAP 在一定程度上可以实现自我复制。这也意味着，当有了一台 REPRAP 之后，就可以在打印很多有用物件的同时，为朋友再打印出另一部 RE-PRAP 的塑料部件，如此循环下去。

7.2.1　机械框架

由于 REPRAP 项目包含多个风格迥异的版本，不同版本的硬件框架都不相同，但内在的思想和逻辑是一致的。因此，我们这里以使用范围最广的 Prusa Mendel 为例，来给大家简单介绍典型 3D 打印机的硬件架构。Prusa 第三代是由 REPRAP 核心团队 Prusajr 所设计的最新的 3D 打印机之一，它参考和借鉴了前两代的 Prusa 和其他 REPRAP 打印机。

图 7-6　制作一台 Prusa Mendel 所需要的打印件

关于 Prusa i3 的框架，主要有两种：单片型框架和盒子型框架。其中，单片型框架需要有激光切割机或其他类似工具来制造，在具体实现时有两种方案，分别是用铝制作的框架和用三角板制作的框架，两者都需要 6mm 及以上厚度的板材。盒子型框架则相对更容易制作，可以通过其他 FDM3D 打印机直接打印，或者通过一些简易木工工具制作，所有需要的支架连接件，如图 7-6 所示。我们将在第 6 章和第 7 章节中详细介绍的 DIY3D 打印机，采用的也是该架构。

无论是单片性框架，还是盒子型框架，其 Y 轴部分都同 Prusa i2（Prusa i3 的上一代设计）是类似的。电子器件上也都一样，采用 5 个步进马达（其中 1 个用在挤出机上，1 个用在 X 轴，1 个用在 Y 轴，2 个用在 Z 轴），如图 7-7 所示。对于控制器部分，Prusa i3 主要有以下四点要求。

图 7-7　Prusa i3 设计图

① 同时支持 4 个步进马达（Z 轴的两个马达是串联的，故只需支持 4 个即可）。

② 支持 1 个热敏电阻输入。

③ 支持 1 个加热器（挤出机的加热电阻）输出。

④ 另一对热敏电阻和加热电阻，是为热床（heated bed）准备的。

只要符合以上四点要求的控制器都可以拿来使用，大家可以根据喜好来选择，甚至将自己手头上其他用途的板子进行修改使用。

7.2.2 电子部件

REPRAP 各个项目的机械框架虽然大不相同，但各项目采用的机电架构却几乎是一致的，所用到的主要模块如图 7-8 所示。

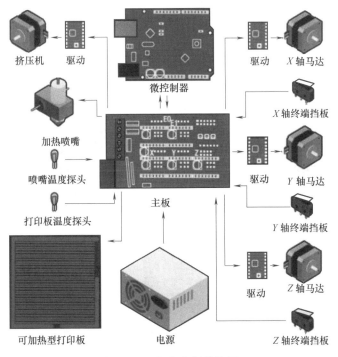

图 7-8 3D 打印电板模块图

REPRAP 机电部分所用到的模块大部分是通用电子部件，例如电动马达、加热喷嘴、电源等。唯一比较特殊的部件便是 3D 打印的"大脑"——主板和微处理器构成的控制器，这部分技术比较复杂、门槛较高，一般 DIY 玩家很难自行改装，但好在该部分模块也已经有了许多成熟的开源项目支持，目前应用最为广泛的有 Melzi、Teensylu、STB_Electronics 等。其中，Melzi 是基于 Arduino Leonardo 开发的以量产为目的的一体化 3D 打印机控制板，作为开源项目，硬件原理图和国件源代码都可以自由下载，有兴趣的读者可以参见其开源网站 http：//www. reprap. org/wiki/Melzi。目前，Melzi 的软硬件已经全部开放，对于比较专业的 DIY 玩家，还可以基于原版资料进行进步升级扩展，如图 7-9 所示。

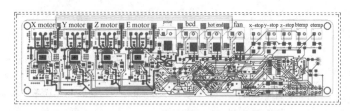

图 7-9   开源主板项目 Melzi 的设计图

现在国内已经有许多厂商根据 Melzi 开源的设计来生成其控制板，大家在淘宝上搜索 Melzi 便可以找到。有了这些基础部件的支持，我们便可以抛开调试电路的烦恼，专注于整个系统的开发和创意的实现。除了 REPRAP3D 打印机外，Melzi 还可以为其他用途提供支持，包括激光雕刻机、三轴定位平台、机器人等设备。

Melzi 主板主要包括以下电子部件：①处理器：ATMEGA1284P；②全部螺丝拧紧式接插件（不需要焊接）；③TF 卡插槽，用于读取 G 代码文件；④MiniUSB 接口；⑤4 组 A4982 步进电机驱动；⑥3 组 MOSFET 用于驱动挤出头、热床、风扇。

主板的整体尺寸为 210mm×50mm×17mm，重量约 70g，并且在板子右下角还有若干扩展口，分别为 1 路 SPI、1 路 I2C、1 路串口、4 个 ND 口。可以用这几个口扩展出更为强大的功能，实体图如图 7-10 所示。

图 7-10   开源主板 Melzi 的实体照片

7.2.3   配套软件

除了提供廉价、简单的硬件设计外，REPRAP 项目还旨在打造一个完整的解决方案，不仅包含硬件设计，还包括对应的开源软件项目。REPRAP 相关的软件包括许多，按用途不同，大致可以分为两类：用于 3D 建模的计算机辅助设计系统（CAD）和用于指令转换的驱动和计算机辅助制造系统（CAM）

其中，之前我们已经对业界比较著名的 CAD 软件做过介绍，但这些软件都并非开源软件，对于希望能够进行二次深度开发的用户，REPRAP 还推荐了一系列开源 CAD 软件，包括：Blender、FreeCAD、PythonOCC、OpenSCAD 等。由于 CAD 软件只需提供符合标准、可供打印的设计文件即可，因此 REPRAP 项目并未启动专项 CAD 软件的开发计划，通用的 CAD 软件便已完全能够满足需要。

而 CAM 软件则必须考虑应用和设备的特性，为此开源社区也启动了多个相关软件项目，例如 ReplicatorG、Printrun、REPRAPHost 等。Printrun 相对 ReplicatorG 而言，则属于一款简单得多的软件，界面如图 7-11 所示。

最原生态支持 REPRAP 设备的 CAM 软件要算 REPRAPHost 了，该软件为 RE-

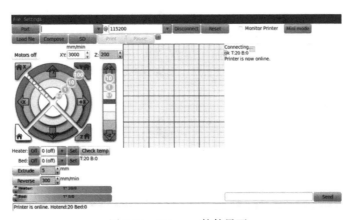

图 7-11　Printrun 软件界面

PRAP 领导开发人员 Adrian Bowyer 用 Java 语言编写而成，操作界面如图 7-12 和图 7-13 所示。

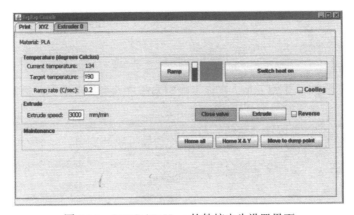

图 7-12　REPRAP Host 软件挤出头设置界面

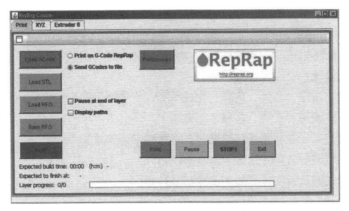

图 7-13　REPRAR Host 软件打印界面

该软件的使用非常简单，对打印机的操作非常直接，只需进入"Extruder"页面，在"Target temperature"内设定预热温度，按"Switch heat on"便可执行喷嘴加热操作。

这里需要注意的一点是，控制台上设定的值对由 Skeinforge 软件生成的 GCode 打印文件不会起作用，该数值只会对由控制台控制的打印机发挥作用。

完成挤出头预热及填料程序后，便可以到"Print"菜单，按"Load GCode"导入需打印的 GCode 文档，然后按"Print"按钮后便可开始打印。

7.3　工 作 步 骤

7.3.1　组装三角支架

（1）首先，取出一根 370mm 长的螺纹杆，从中间穿过一个 U 型钢钎杆夹，并将其放在螺纹杆大致中间的位置，然后在夹子两边各放上一个 M8 垫片（图 7-14）。

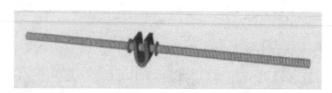

图 7-14　步骤一

（2）在垫片的两侧各拧上一个 M8 螺丝，拧到靠近垫片即可，暂时不用拧紧（图 7-15）。

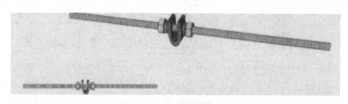

图 7-15　步骤二

（3）接下来在螺纹杆的两头各拧上一个 M8 螺丝，并在外侧各放上一个垫片（图 7-16）。

图 7-16　步骤三

（4）在螺纹杆的两侧各放上一个带脚连接架，需确保连接架的支撑角朝下，并使不带支撑角的一侧向外弯曲（图 7-17）。

（5）调整连接架内侧螺母的位置，使得两个连接架之间的距离大致为 290mm。这里只需要大致为该长度即可，之后我们还会再进行确认（图 7-18）。

（6）在两侧支角的夕印各放上厂一个垫片，然后拧上螺丝。这里同样不用拧得太紧，因为我们后面还可能需要做些细小的调整（图 7-19）。

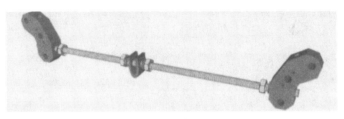

图 7-17　步骤四

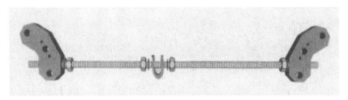

图 7-18　步骤五

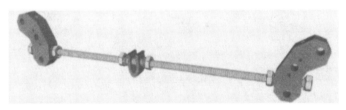

图 7-19　步骤六

（7）再次拿出一根 370mm 长的 M8 螺纹杆，两头各拧上螺丝，放上垫片（图 7-20）。

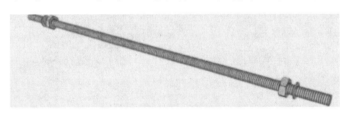

图 7-20　步骤七

（8）将刚弄好的螺纹杆插入早先支架角上侧的孔洞中，并在穿过的一侧加上垫片和螺丝。操作完成后，穿过支架的两根螺纹杆构成三角支架的两个边（图 7-21）。

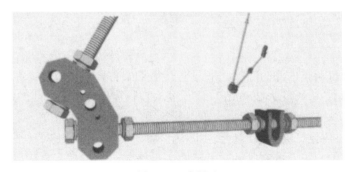

图 7-21　步骤八

（9）按同样的方式组装另一根 370mm 长的螺纹杆，然后插入支架另一边的孔洞中，暂时先完成三角支架的第三条边（图 7-22）。

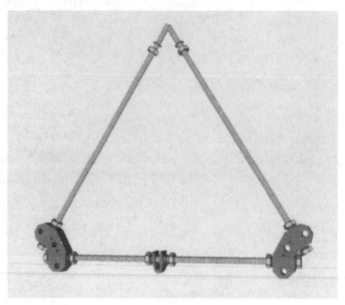

图 7-22　步骤九

（10）目前只有下部安装了两个带角支架，顶角还没有安装固定件。因此，可以将其中一边先取下来，在顶部装上无脚连接架后，再将底端插入底座带角支架上。安装完之后，在顶端连接架外侧的螺纹杆上套上垫片和螺丝，并稍拧紧（图 7-23）。

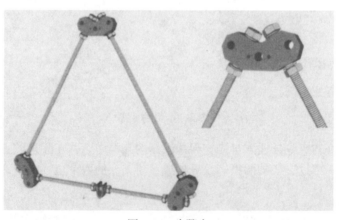

图 7-23　步骤十

（11）接着通过调整内侧的螺丝，来调整三角支架各条边的长度。根据设计，我们需要用尺子确认支架各边长度为 290mm（该长度为塑料连接件内侧之间的距离），长度确认后便可以拧紧外侧的螺丝。这样，一个牢固的等边三角架便做好了，底部是两个支脚，支脚中间是钢钎夹。将钢钎夹大致调整到中间的位置，仍然还不用将夹子拧紧（图 7-24）。

（12）按同样的方式，再完成另一个等边三角架的组装工作。完成后，两个三角架应该是完全一样的（图 7-25）。

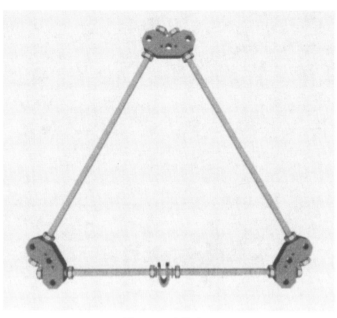

图 7-24　步骤十一

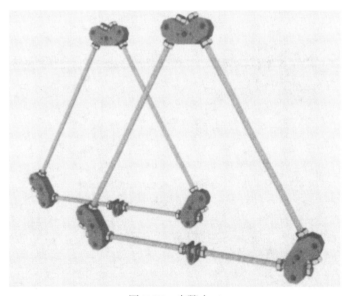

图 7-25　步骤十二

7.3.2　组装前侧螺纹杆

（1）取出一根长度为 290mm 的螺纹杆，拧入一个 M8 螺丝，然后在其中的一侧放入垫片（图 7-26）。

（2）将钢钎有垫片的一侧，穿过 Y 轴马达支架上靠近直边的孔洞（图 7-27）。

（3）在 Y 轴马达支架的另一侧同样放上垫片，并拧上 M8 螺丝（图 7-28）。

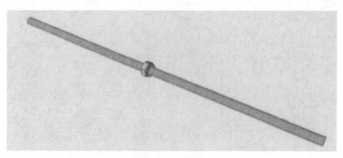

图 7-26　步骤十三

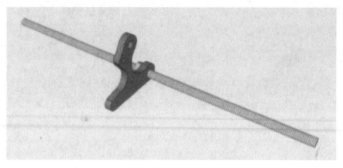

图 7-27　步骤十四

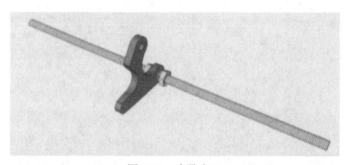

图 7-28　步骤十五

（4）在螺纹杆的两侧分别拧上螺丝加上垫片（图 7-29）。

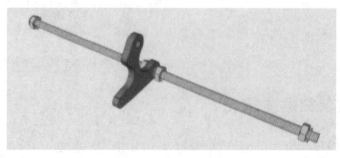

图 7-29　步骤十六

（5）接着，再取出一根 290mm 长的螺纹杆穿过 Y 轴马达支架上侧的孔洞。这根杆的组装将会比较复杂，因此需严格按照所描述的顺序进行安装。在螺纹杆钎左侧添加的物品依次为：1个垫片、2个螺丝、1个垫片、1个钢钎杆夹（需从中间孔中穿过）、1个垫片、2个螺丝、1个垫片。（图7-30为左侧视图）

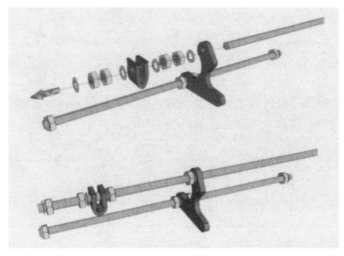

图7-30　步骤十七

（6）依次将穿入的部件调整到合适的位置，完成左侧组装后效果将如上一步中图片所示。然后再按左侧顺序进行右侧零件的安装，其从内向外先后顺序为：1个垫片、1个螺丝、2个垫片、1个防护垫片、1个垫片、1个608轴承、1个垫片、1个防护垫片、2个螺丝、1个垫片、1个钢钎夹（需从中间孔中穿过）、1个垫片、2个螺丝、1个垫片。这里需要注意的一点是，部分608轴承会自带防护，如果使用的是这类轴承，那么可以省略其两侧的螺丝和防护垫片（图7-31）。

上图为右侧视图，完成两侧的组装后效果如下图所示。

图7-31　步骤十八

（7）在进一步组装其他部分之前，可以检查一下已完成的组件以及各个部分大致的位置是否如图 7-32 所示。

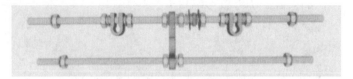

图 7-32　步骤十九

（8）现在可以将前螺纹杆和之前组装好的三角架合并起来，分别将三角架安装在前螺纹杆的两侧，然后加上垫片，用螺丝拧紧（图 7-33）。

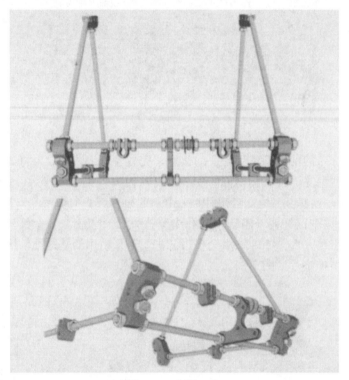

图 7-33　步骤二十

7.3.3　组装后侧螺纹杆

（1）再次拿出一根长度为290mm的螺纹杆，分别在两边拧上螺丝，加上垫片（图 7-34）。

图 7-34　步骤二十一

（2）取出一根 290mm 长的螺纹杆，在其左侧由内向外依次装上：1 个 608 轴承、

1个垫片、1个防护垫片、2个螺丝、1个垫片、1个钢钎夹（需从中间孔洞中穿过）、1个垫片、2个螺丝、1个垫片（图7-35）。

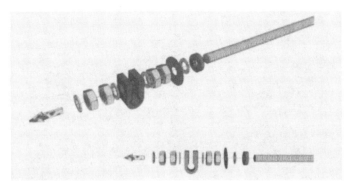

图7-35 步骤二十二

（3）安装完成后在该螺纹杆的另一端由内向外依次装上：1个垫片、1个防护垫片、2个螺丝、1个垫片、1个钢钎夹（需要从中间孔洞中穿过）、1个垫片、2个螺丝、1个垫片（图7-36）。

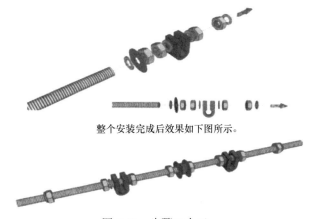

整个安装完成后效果如下图所示。

图7-36 步骤二十三

（4）确认刚组装好的两根后螺纹杆及其各个部分位置大致如图7-37所示。

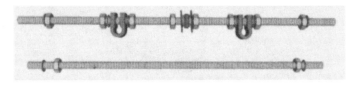

图7-37 步骤二十四

（5）现在可以将后螺纹杆和之前组装好的三角架合并起来，将三角架安装在后螺纹杆的两侧，然后在外侧加上垫片，并用螺丝拧紧。完成后的效果如图7-38所示。

（6）现在整个支架的底部部分应该已经完成，这时该支架应该可以不用支撑独自站立。但两侧三角架的顶部还不牢固、容易摇晃，但是不用担心，我们将在接下来的一节中解决这一问题（图7-39）。

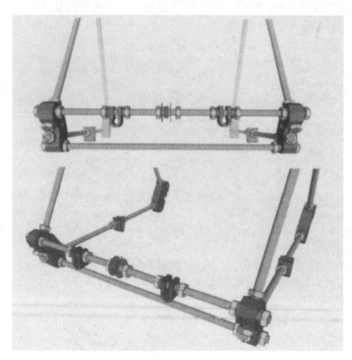

图 7-38　步骤二十五

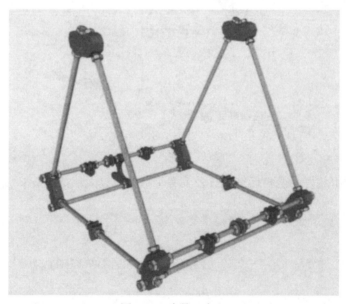

图 7-39　步骤二十六

7.3.4　组装顶部螺纹杆

（1）取出一根 400mm 长的螺纹杆，从刚组装好支架上部塑料件的孔中穿过。然后在支架的中间，依次为螺纹杆穿过的一侧安装上1个垫片、2个螺丝、1个垫片（图7-40）。

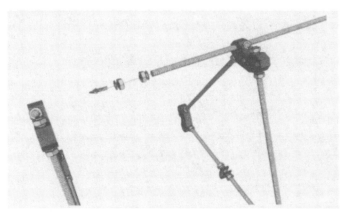

图7-40 步骤二十七

（2）重复同样的步骤，给支架上部加上另一根400mm长的螺纹杆（图7-41）。

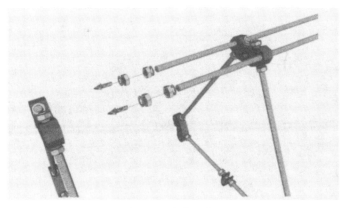

图7-41 步骤二十八

（3）将上部螺纹杆中的螺丝和垫片调整到合适的位置，然后将螺纹杆从支架上部另一端中穿过（确保两根螺纹杆的两侧对齐，并在支架两边凸出同样长度，以便为接下来在两侧安装马达支架留出足够的空间）（图7-42）。

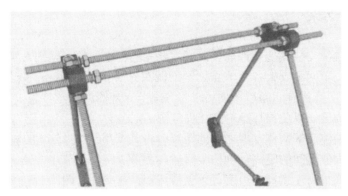

图7-42 步骤二十九

（4）接着再在两根螺纹杆的外侧，依次加上1个垫片、1个螺丝。1个垫片（图7-43）。

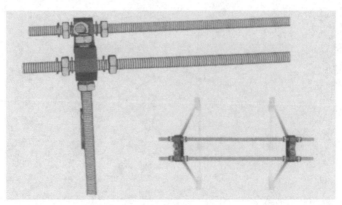

图 7-43　步骤三十

（5）将一个Z轴马达支架穿过两根螺纹杆外侧，需确保带有凹槽的一侧向外（用于固定垂直钢钎），然后给每根螺纹杆加上垫片和螺丝进行固定（图7-44）。

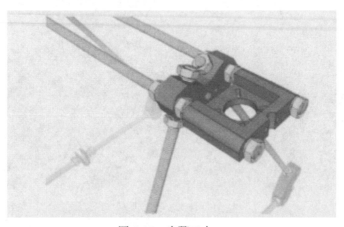

图 7-44　步骤三十一

（6）重复同样的步骤，在支架另一边也安装上Z轴马达支架（图7-45）。

7.3.5　紧固支架

（1）在我们继续安装其他部件前，我们需要先停下来调整、紧固一下已经完成的支架框架。首先检查一下两侧支架各个节点之间的距离是否都是290mm（塑料连接件内侧之间的距离）。确认距离没有问题后，便可以将各个节点外侧的螺丝拧紧以使整个支架牢固，但也需注意控制力度，以免损坏塑料连接件（图7-46）。

（2）接下来检测底部两侧支架之间的距离，将其调整至234mm的宽度，该宽度同样是指塑料连接件内侧之间的距离。确认距离后，便可以将各个节点外侧的螺丝拧紧以使整个支架牢固，同样也需注意控制力度，以免损坏塑料连接件（图7-47）。

（3）然后检测顶部两侧支架之间的距离，将其调整至234mm的宽度，该宽度同样是指塑料连接件内侧之间的距离。确认距离后，便可以将顶部连接件外侧的螺丝拧紧以使整

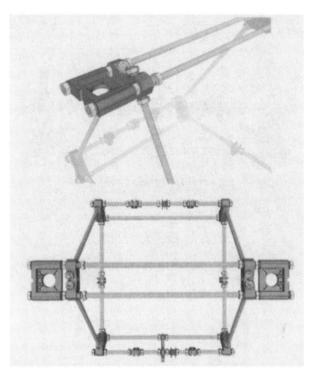

图 7-45　步骤三十二

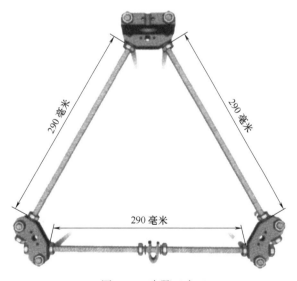

图 7-46　步骤三十三

个支架牢固。但在拧紧两侧螺丝前，必须再次确认平行的两根螺纹杆在上部节点间的距离完全相同（图 7-48）。

（4）在完成上面三个步骤后，整个支架部分便基本稳固了。这时可以使用铅垂线或者类似的工具，将其从支架上部的 Z 轴马达支架中间垂下，找到底部节点的中间位置，然后通过螺丝调整下部钢钎杆夹的位置，使得两边的钢钎杆夹位于下部节点的中间位置。但

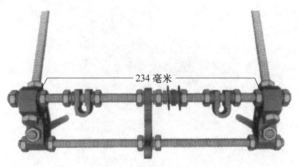

图 7-47　步骤三十四

图 7-48　步骤三十五

先不要将其拧紧，因为我们还需要将一根 440mm 的螺纹杆从底部钢钎夹的中间穿过（图 7-49）。

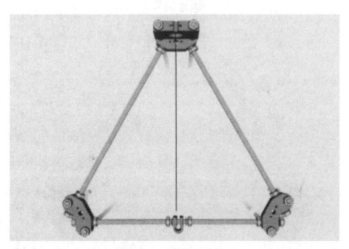

图 7-49　步骤三十六

（5）取出一根 440mm 长的螺纹杆从底部两根杆夹之间穿过。这里需确保新插入的螺纹杆在支架底部的上面，并调整两边突出的长度一致（图 7-50）。

（6）在新插入的螺纹杆两端分别依次添加上 1 个螺丝。1 个垫片、1 个钢钎夹（需从孔中穿过）、1 个垫片、1 个螺丝（图 7-51）。

（7）安装完成后，底部视图效果将如图 7-52 所示。

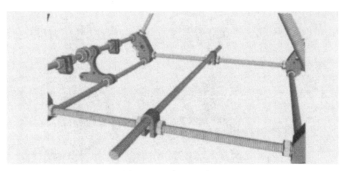

图 7-50　步骤三十七

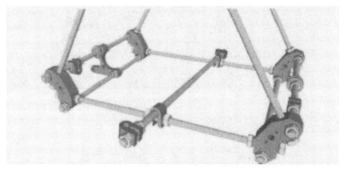

图 7-51　步骤三十八

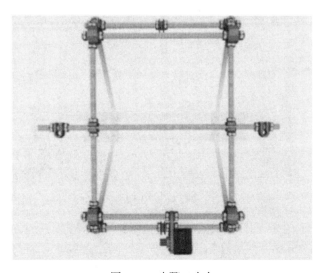

图 7-52　步骤三十九

7.3.6　组装 Y 轴框架

（1）接下来再来安装沿 Y 轴移动所需要的钢钎轨道。先取出两根 406mm 长度的钢钎安装到支架底座前后侧的钢钎夹中，并将它们调整至大致平行的位置。需注意使用的是钢钎，这时使用的钢钎不同于之前使用的螺纹杆（图 7-53）。

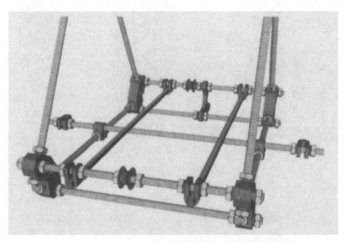

图 7-53　步骤四十

（2）检查确认两侧连接件同中间钢钎之间的距离为 39mm，以及两根平行钢钎之间的距离为 140mm。稍后需在钢钎上安装打印板，因此需确保两根钢钎完全平行，才能保证安装在钢钎之上的打印板能够自由滑动（图 7-54）。

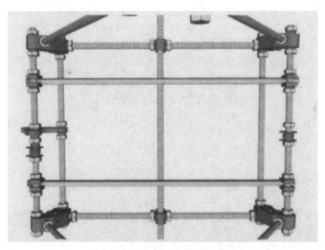

图 7-54　步骤四十一

（3）为了能够进一步在钢钎上安装打印板，需要先在每根钢钎上各安装上 2 个开口箱式轴承，间隔大概 120mm。然后在箱式轴承平面一侧涂上胶水，将打印平板底板同箱式轴承粘牢固定。如果底板上有螺孔，则可不用刻意测量间隔距离，只需将其调整到对应位置能安装上即可（图 7-55）。

（4）等到胶水干固之后，缓慢滑动打印底板，并调整底下钢钎两端的位置，使得整个平板能够沿钢钎自由活动。然后调整两侧的 608 轴承，使其处于平行钢钎的中间位置上，确定之后调整 Y 轴马达支架，使其紧靠 608 轴承，再次拧紧底部螺丝（图 7-56）。

（5）拿出预装好齿轮的 Y 轴马达，将其放在刚调整好位置的马达支架外侧（608 轴承的另一侧），这样便可以通过齿轮来带动穿过轴承的皮带，从而使得整个打印板沿 Y 轴移动。将马达调整到合适的位置，使得马达四个角上的螺孔同马达支架对齐，然后给每个

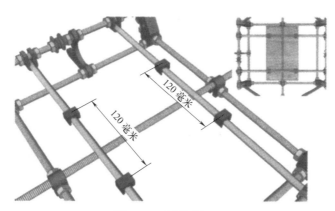

图 7-55　步骤四十二

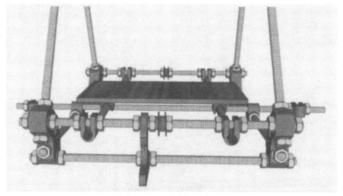

图 7-56　步骤四十三

螺孔安装上 M3 垫片和 M3×10mm 的螺丝来固定（图 7-57）。

图 7-57　步骤四十四

（6）这里需要说明一下的是，该马达前端齿轮为预组装，并且预组装齿轮的马达应贴在 Y 轴马达支架上，其中马达底座放在支架左侧（图 7-58 为前视图）。

图 7-58　步骤四十五

（7）调整马达底座的位置，使得底座上的插孔和支架上的孔洞相对齐，然后使用三个螺丝和垫片将其固定住（图 7-59）。

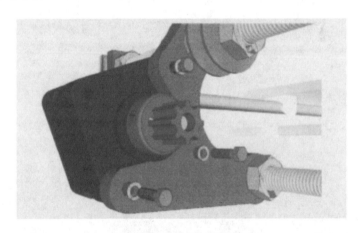

图 7-59　步骤四十六

（8）将 Y 轴皮带齿口向内穿过轴承和 Y 轴马达的齿轮，两头放在打印底板的中间，并拉紧拉直。如果出现无法拉直的情况，则需回过头再次调整轴承的位置（图 7-60）。

（9）使用皮带扣压住皮带，然后在每个扣孔装上 M3 垫片和 M3×25mm 螺丝，下部使用 M3 螺母固定。安装第一个皮带扣时，只需确保皮带被拉直并穿过足够的长度，然后就可固定。安装完一个之后，需将皮带用力拉紧后再安装第二个进行固定（图 7-61）。

（10）安装完后手动转动 Y 轴马达的齿轮，看看是否能够流畅地带动打印平板沿 Y 轴移动。然后轻轻推动打印平板，观察其是否能够带动马达转动，检查皮带是否太松或太紧，并确定平板移动阻力、皮带松紧是否合适。检查一切妥当之后，便可以将多余的皮带修剪掉，一般来讲保留离夹口 2～5cm 都是可以的（图 7-62）。

图 7-60 步骤四十七

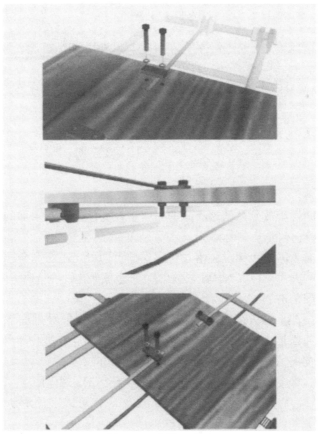

图 7-61 步骤四十八

图 7-62　步骤四十九

7.3.7　组装 X 轴框架

（1）找到 X 轴马达端支架和从动端支架，检查其孔径是否如图 7-63 所示。

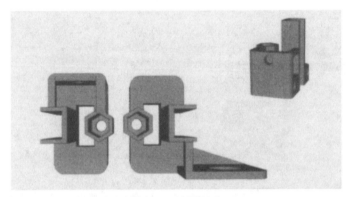

图 7-63　步骤五十

（2）将 4 个 M3 螺母放到从动端支架的底座中，底座中有六角形的 M3 螺母卡槽，因此放入后螺母应该直接固定在卡槽中。然后从底部向上，为每个螺母安装一个 M3×10mm 的螺丝。这时只需避免螺母脱落，将螺丝拧上即可，不需完全拧紧（图 7-64）。

（3）采用同样的方式，在 X 轴马达支架的底部也安装上 4 个 M3 螺母，然后加上 M3×10mm 螺丝固定（图 7-65）。

（4）在从动端支架上插入两根 495mm 长的钢钎，确保能穿过底部 M3 螺母卡槽的位置。然后将钢钎另一端插入马达端支架，同样需确保钢钎能穿过底部卡槽的位置。安装完后，两个支架垂直向的六角形管应该都朝内侧（图 7-66）。

（5）先拧紧马达端支架的 M3 螺丝，使钢钎被 4 个 M3 螺丝固定，但不能将钢钎伸出支架，以免影响 X 轴马达的安装。这时从动端支架应该可以轻松滑动，先不要拧紧从动端的螺丝（图 7-67）。

（6）拿出 M8×50mm 的螺丝（或者一个 M8 螺母和一根 50mm 长的螺纹杆）。接着按

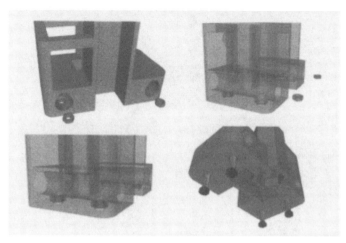

图 7-64　步骤五十一

图 7-65　步骤五十二

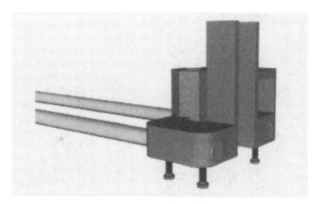

图 7-66　步骤五十三

顺序给其加上1个防护垫片、1个M8垫片、1个608轴承、1个M8垫片、1个防护垫片（图7-68）。

　　（7）将50mm的螺纹杆穿过从动端支架外侧的孔洞，然后从支架内侧加上1个垫片和1个螺母将其固定（图7-69）。

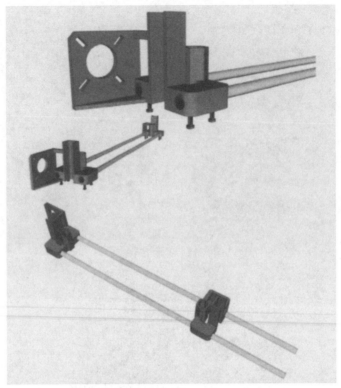

图 7-67 步骤五十四

图 7-68 步骤五十五

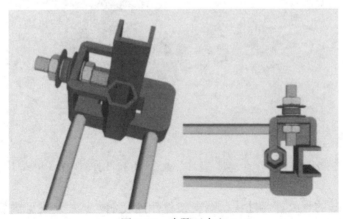

图 7-69 步骤五十六

7.3.8 组装 Z 轴框架

（1）使用水准仪检查框架顶部是否水平，如果略微倾斜，可以在倾斜的一边垫一些纸张将其调整为水平。如果倾斜幅度很大，那么需要查找倾斜原因，并予以调整（图 7-70）。

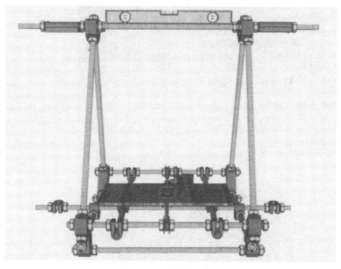

图 7-70　步骤五十七

（2）使用类似铅垂线的工具，检查 Z 轴马达支架孔中心是否同底部螺纹杆上的钢钎夹夹孔垂直。两边都需检测，如不垂直，通过调整底部螺纹杆修正（图 7-71）。

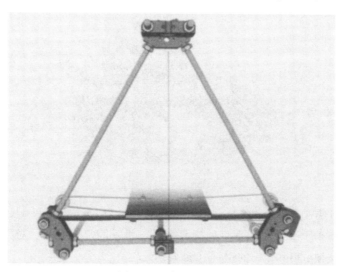

图 7-71　步骤五十八

（3）修正完之后，可以将 2 个 M3 螺母放到 Z 轴马达支架内侧的卡槽中（图 7-72）。

（4）在对应螺母卡槽的外侧，放上螺纹杆夹，并给两个孔中各加上 1 个垫片，1 个 M3×25mm 的螺丝。将螺纹杆夹安装到 Z 轴马达支架上，但先不要拧紧。采用同样的方

图 7-72　步骤五十九

法，给另一侧 Z 轴马达支架也装上螺纹杆夹（如果发现 M3×25mm 螺丝过长，影响了 Z 轴马达的安装，可以考虑采用在螺丝底部先套上螺母的方法，或者将螺丝放进支架内侧的卡槽，从内往外安装）（图 7-73）。

图 7-73　步骤六十

（5）在螺纹杆夹中插入一根 330mm 长的钢钎，并穿过底部的 U 型钢钎夹。使用铅垂线，检查该钢钎是否垂直，确认垂直后拧紧螺丝，将其固定住。然后对另一侧也做同样的操作，安装好另一根 330mm 长的钢钎（图 7-74）。

（6）在两根垂直的钢钎上，各安装 2 个开口箱式轴承，并确保它们可以自由地滑动（图 7-75）。

（7）将之前准备好的 X 轴框架拿出，调整从动端支架的位置，使其恰好可以将两侧的轴承卡在支架上。这时，X 轴马达支架应该和底部 Y 轴马达在一侧（图 7-76）。

（8）接着将 X 轴框架先取下来，在轴承底座处涂上胶水后，再将 X 轴装上。具体的

图 7-74 步骤六十一

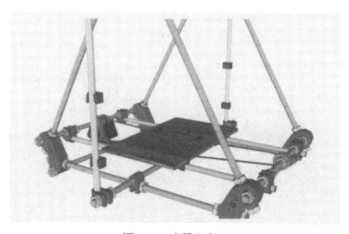

图 7-75 步骤六十二

安装方法，可以如图 7-77 所示，先将从动轴一端往内调整一定距离，然后将马达端先粘好，接着拧松从动端支架的螺丝，将其移到轴承处粘贴好，然后拧紧螺丝（图 7-77）。

（9）将两端的支架和轴承保持紧密直至胶水固定，然后沿着 Z 轴方向轻轻地上下移动 X 轴支架，检查移动过程是否平滑。并且可以使用一些支撑工具将 X 轴框架固定在大致中间的位置，然后拧紧 X 轴上固定马达用的 M3×10mm 螺丝（图 7-78）。

（10）松开支撑工具，将 X 轴框架移动到 Z 轴底部，检查移动过程是否平滑，如有问题可以通过调整支架底部 U 型钢钎夹的位置来进行调整（图 7-79）。

图 7-76　步骤六十三

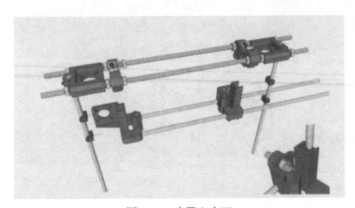

图 7-77　步骤六十四

图 7-78　步骤六十五

　　（11）先找到 X 轴马达端连接底部的六边形管道，将一个 M8 螺母放入其中，然后再从该管道上部放入弹簧和 M8 螺母（图 7-80）。

　　（12）取出一根 210mm 长的螺纹杆，将其从两个 M8 螺母和弹簧中穿过。穿过后，调整一侧的螺母，将弹簧压缩，使得上下两个螺母恰好和马达支架上的六边形管道高度一致。接着对另一侧的从动端支架也加上同样的螺纹杆和螺丝、弹簧（图 7-81）。

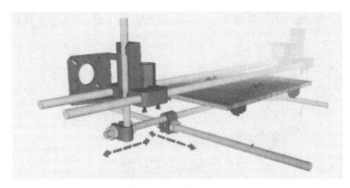

图 7-79　步骤六十六

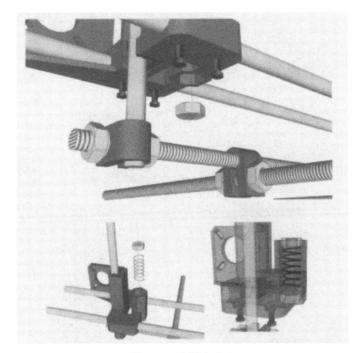

图 7-80　步骤六十七

图 7-81　步骤六十八

（13）将两个 NEMA 17 马达放到 Z 轴马达支架上，其中马达轴穿过支架朝下。给每个马达加上 4 个垫片和 4 个 M3×10mm 螺丝固定（图 7-82）。

图 7-82　步骤六十九

（14）拿出两个联轴器，每个联轴器上有两个螺丝孔，在两侧加上垫片，并使用 M3×20mm 螺丝穿过，然后用螺母固定，但先不用拧紧（图 7-83）。

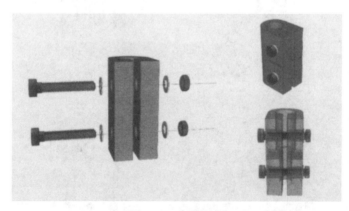

图 7-83　步骤七十

（15）将两个加好螺丝的联轴器固定在 Z 轴马达的转轴上（图 7-84）。

（16）将 X 轴框架上的两根 210mm 长的螺纹杆接到联轴器的下端，通过调整螺纹杆伸入联轴器的长度使得整个 X 轴处于基本水平的位置，然后拧紧联轴器螺丝将螺纹杆固定（图 7-85）。

（17）轻轻地上下移动 X 轴框架，确保两侧的支架能够支撑住 X 轴框架。同时，检查移动阻力是否合适。如果出现阻力过大的情况，则需要调整两侧的钢钎和 Z 轴马达连

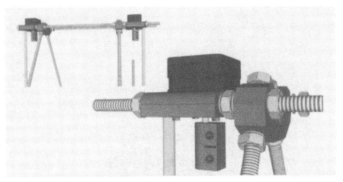

图 7-84　步骤七十一

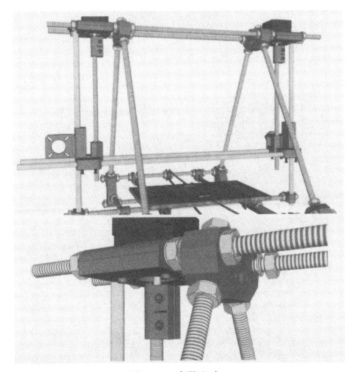

图 7-85　步骤七十二

接的螺纹杆，确保两侧的钢钎和 Z 轴马达连接的螺纹杆垂直，其自身两两平行（图 7-86）。

（18）在确认 X 轴上下移动都很顺畅后，还需用水平仪来检测 X 轴支架。如果发现 X 轴支架不够水平的情况，可以通过旋转两侧螺纹杆来进行微调使 X 轴达到水平，这样整个 X 轴和 Z 轴框架就都完成了（图 7-87）。

7.3.9　安装打印喷头及打印台

（1）找到塑料带轮，使用 M3 紧定螺丝将塑料带轮固定在 X 轴马达上。这里需注意的是，带轮齿轮不应紧贴马达口，需留有足够空隙（大概 1mm 空间即可），以免带轮转动时与马达产生摩擦（图 7-88）。

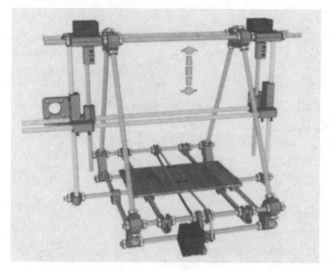

图 7-86 步骤七十三

图 7-87 步骤七十四

图 7-88　步骤七十五

（2）将装好带轮的马达放入 X 轴框架的马达支架上，并使用 4 个 M3×10mm 螺丝和垫片将其固定，但先不要拧紧螺丝（图 7-89）。

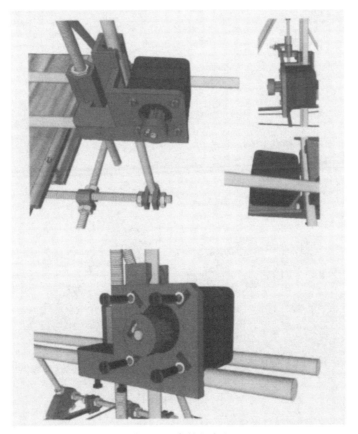

图 7-89　步骤七十六

（3）将 4 个开口箱式轴承放在 X 轴框架中间的钢钎上，并确保它们都能自由滑动，然后给每个轴承背面涂上胶水（图 7-90）。

（4）将喷嘴支架安放到开口轴承上，确保四个轴承分布在支架的四个角上。并且安放时应该注意，喷嘴支架凸出的一边应该和 X 轴马达的带轮在同一侧（图 7-91）。

（5）待胶水凝固后，轻轻左右滑动喷嘴支架，确保其能轻松移动（图 7-92）。

图 7-90　步骤七十七

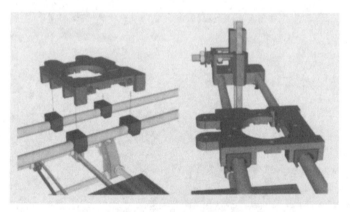

图 7-91　步骤七十八

（6）使用 M3×25mm 螺丝和垫片，将两个皮带夹分别拴在喷嘴支架上，底部拧上螺丝，但先不用拧紧以便皮带能够从中穿过（图 7-93）。

（7）将皮带的一端从皮带夹中穿过，穿过时确保光滑面朝上。穿过后调整皮带的方向，使其同 X 轴钢钎大致平行，然后收紧底面的螺母使夹紧皮带（图 7-94）。

（8）将皮带另一端绕过 X 轴上的马达以及另一侧的滑轮，确认皮带上的齿轮扣紧了马达上的带轮。然后适当用力将其拉紧，从另一个皮带夹中穿过，最后拧紧皮带夹下的螺母将其扣紧（图 7-95）。

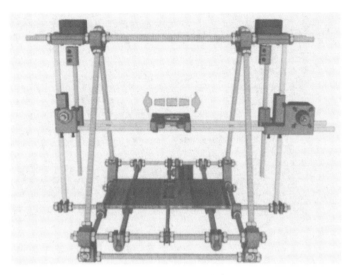

图 7-92　步骤七十九

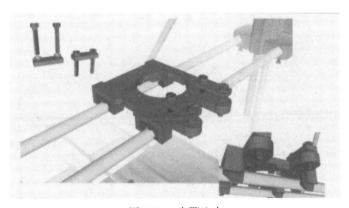

图 7-93　步骤八十

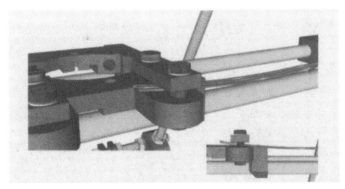

图 7-94　步骤八十一

（9）安装好皮带后，再次轻轻移动喷嘴支架，确保支架能自由移动。同时观察 X 轴马达是否受皮带拉动而转动，如果不能，则需检查皮带齿口是否咬紧马达带轮，可以通过重新拉紧皮带来进行调整（图 7-96）。

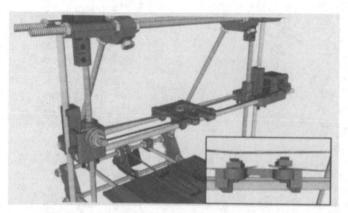

图 7-95　步骤八十二

图 7-96　步骤八十三

（10）使用两个 M4×20mm 的螺丝和垫片，将喷嘴安装在喷嘴支架上，并用螺母进行固定（图 7-97）。

（11）接下来安装打印板。先用一个 M3×40mm 的螺丝，套好垫片后从打印板面上向下穿过。然后在螺丝的下部依次装上 1 个垫片、弹簧、1 个垫片、1 个螺丝，同样的方法给其他三个孔也安装上同样的零件。这里螺丝先不要拧太紧，并拧到大概同一高度，以便打印板能保持水平（图 7-98）。

（12）小心地将打印板放到底板上，并让四个螺丝从底板预留的孔中穿过。然后给每个螺丝加上垫片和螺丝，但底部的螺丝先不用拧太紧，因为整个打印板还没有经过校准（图 7-99）。

（13）将整个打印机放在水平的桌面上，然后用水准仪分别测量打印版横纵的边，通过调整底板四个角上的螺母来使整个打印平板水平。一旦确认整个打印板水平，便拧紧底板四个角下面的螺母来固定打印板（图 7-100）。

图 7-97　步骤八十四

图 7-98　步骤八十五

7.3.10　安装电路控制

（1）电路板上有许多的原件，但都是通用的，因此只要是同一规格便可完全兼容。不

图 7-99　步骤八十六

图 7-100　步骤八十七

管使用何种电子产品，主板上都至少需要 3 个步进驱动，但最好能有 4 个，以便能够同 XYZ 轴的步进马达和挤出机相连，除了马达，还需要连接热床、挤出机加热器、挤出机 以及 XYZ 轴的限位器。详细情况可以参照 5.2.2 章节中描述的典型电路板设计，本书所 采用的是 Melzi 控制板，各接口功能如图 7-101 所示。

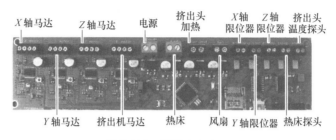

图 7-101　步骤八十八

（2）在给打印机安装电路控制之前，需要先用螺丝或胶水安装 XYZ 轴的限位器（图 7-102）。

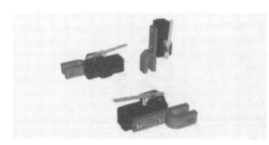

图 7-102　步骤八十九

（3）将限位开关先固定在 H 型安装架 上，然后将其 U 型端卡在钢钎杆上。具体 来说，就是先将一个限位器放在 Z 轴左侧 的钢钎杆上，将它的位置调整到略低于 X 轴的位置，以限制打印喷嘴向下移动的最 大距离；接着在 X 轴钢钎的左侧也加上一 个限位器，以限制喷嘴支架横向移动的最 大位置；最后再在打印板底下的 Y 轴钢钎 上也加上一个限位器，以限制打印板移动 的最大位置（图 7-103）。

图 7-103　步骤九十

（4）使用 M3×25mm 螺丝穿过 U 型端的螺孔，再套上垫片和螺母，将其固定但先不 要拧得太紧（图 7-104）。

图 7-104　步骤九十一

（5）因为还需要对限位器控制位置做最后的确认，先轻轻移动 X 轴框架上的喷嘴支架，当喷嘴离打印板边缘大概 10mm 处，将 X 轴挡板移到紧贴支架的位置固定住，使得挡板上的开关铜片正好顶住喷嘴支架的凸出部分（图 7-105）。

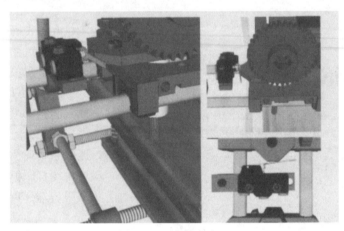

图 7-105　步骤九十二

（6）接着将打印板沿着 Y 轴轻轻移动，当移到打印板边缘离喷嘴大概 40mm 处，将 Y 轴限位器移到紧贴打印底板的位置固定住，使得挡板上的开关铜片正好顶住底板的边缘（图 7-106）。

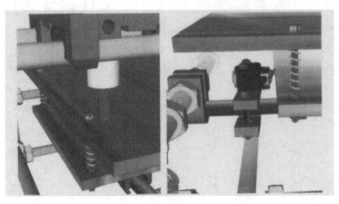

图 7-106　步骤九十三

（7）最后将 X 轴框架整体向下移动，使得打印喷头贴上打印板之后，将 Z 轴限位器移到紧贴马达支架底部螺丝处位置固定住，使得挡板上的开关铜片正好顶住支架下部凸出的螺帽（图 7-107）。

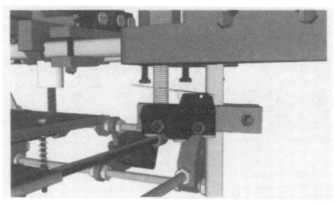

图 7-107　步骤九十四

（8）完成限位器之后便可以开始最后一步——连接电路控制。在开始连接之前，可以先看看希望将电路板最终安放的位置，将其放在需要最终安放的位置附近，然后再连接电路，这样可以避免电路连接好后移动电路板所带来的麻烦（图 7-108）。

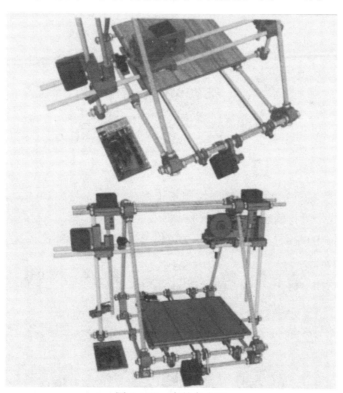

图 7-108　步骤九十五

（9）旋转限位器，使其触发开关朝内侧，并使用电路连接线将主板同限位器连接（主板对应接口是 X-Stop、Y-Stop 和 Z-Stop）。这里还需要对限位器的位置进行微调，使得其能够有效限制设备打印范围（图 7-109）。

图 7-109　步骤九十六

（10）接下来连接 Z 轴马达，先将顶端支架两侧的 Z 轴马达同样接口的连接线缠绕合并成一条线，然后将合并后的连接线连接到主板上 Z-Motor 接口（图 7-110）。

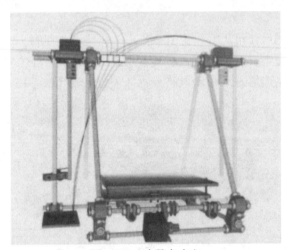

图 7-110　步骤九十七

（11）将前部 Y 轴马达的连接线同控制板上的 Y-Motor 接口相连，对于散开的线路，可以用带卡齿的扎带进行固定（图 7-111）。

（12）最后剩下的左侧马达为 X 轴马达，将其连接线同控制板上 X-Motor 接口相连。

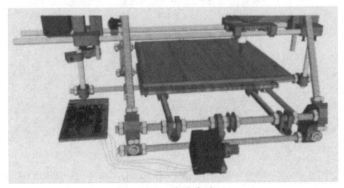

图 7-111　步骤九十八

同 Y 轴马达一样，散开的线路可以用扎带进行固定（图 7-112）。

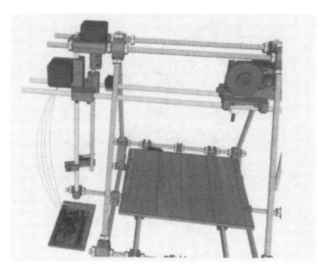

图 7-112　步骤九十九

（13）以上我们便完成了机械框架的驱动连接，接下来只需要完成挤出喷嘴的连接便大功告成。挤出喷嘴的连接相对复杂一些，需要将挤出马达、挤出头加热管分别连接到挤出机马达和挤出头加热接口。如果有在支架上外挂风扇部件的话，还需要将风扇连接到风扇接口（图 7-113）。

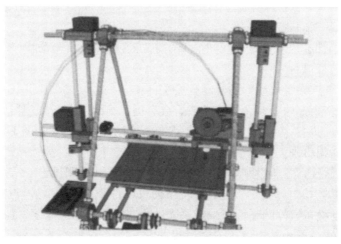

图 7-113　步骤一百

（14）全部连接完之后，先手动沿 X 轴和 Y 轴移动打印挤出设备，确保在打印范围内移动时不会影响线路连接（图 7-114）。

7.3.11　安装驱动并打印测试

设备组装终于完成，激动人心的时刻眼看就要到来，即将可以见证神奇的 3D 打印机将如何创造出一件件物品。但在这之前，为了要能控制刚刚组装好的 3D 打印机，我们还

图 7-114　步骤一百零一

需要为电脑安装驱动程序。先为打印机接上电源，然后通过 USB 线将电脑和 Melzi 主板相连。标准版 Melzi 使用的是 FT232 串口转 USB 芯片，在插上 USB 线并上电后，主板上的红色 LED 灯会开始闪烁，这说明主板已经开始工作。

这时，操作系统将会开始安装 FT232 驱动和虚拟串口驱动，如果安装不成功，则要登陆 Melzi 官方网站下载驱动程序安装包，进行解压安装即可。Windows 操作系统中安装过程如下。

① 打开"设备管理器"。

② 找到未识别带"?"号的 FT232 设备，右击选择"更新驱动程序"。选择"浏览计算机以查找驱动程序软件"。

③ 点击浏览，选择解压缩后的驱动程序文件夹。

④ 点击下一步，开始安装。安装完成后会有提示。如果设备管理器中还有带"?"号的 USB Serial Port 设备，用同样方法安装驱动。直到出现正确安装的 USB Serial Port 设备，并记住 COM 端口号。

⑤ 启动控制软件，并通过刚刚获得的端口号连接启动打印机。

控制软件成功连接打印机后，正常情况下便可以打开三维模型进行打印了。但如果所使用的 Melzi 控制板是纯粹的硬件，未烧录固件程序的话，那还需要增加烧录固件。

① 下载并安装 Arduino 程序，安装过程非常简单，双击安装包的 Arduino.exe 按提示设置即可。

② 下载 Melzi 官方网站的 Sprinter 固件，文件名为 Sprinter-melzi.pde。

③ 打开 Arduino，点击 File->Open，打开工程文件 Sprinter-melzi.pde。

④ 选择控制板类型，如图 7-115 所示。

⑤ 选择串口，Windows 系统下选择前面设备管理器中 USB Serial Port 对应的串口号，如图 7-116 所示。

⑥ 点击 Verify 编译，编译结束后点击 Upload 烧录，成功后会出现 Done uploading，如图 7-117 所示。

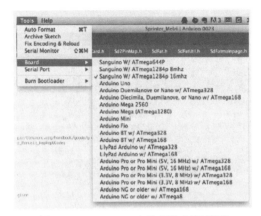

图 7-115　Arduino 中选择控制板类型

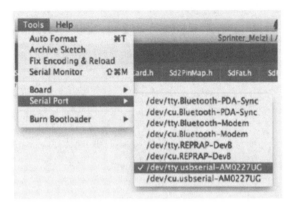

图 7-116　Arduino 中选择串口号

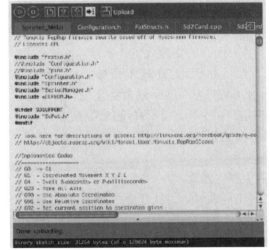

图 7-117　Arduino 代码界面

需要注意的是，在烧写程序前一定要插上板子右侧 AUTO-REST 的跳线，否则会烧录失败。烧录大约要十几秒钟，完成后 Melzi 板子上的 LED 灯就会重新开始闪烁。

一切准备完成后，便可以启动控制软件，例如第 4 章中所介绍的 ReplicatorG。启动控制软件并连接设备成功后，打开需要打印的模型，点击打印按钮，便可以看到我们亲手组装的神奇打印机，将电脑中的物品逐层变成现实，如图 7-118 所示。接下来，你便可以如上帝般去创造了！

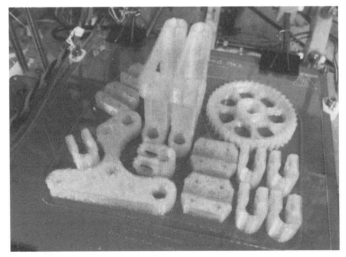

图 7-118　使用组装的 3D 打印机　另一台 3D 打印机的定制组件

第8章
3D打印的未来

3D打印技术目前已经步入了飞速发展的时代，3D打印被赋予了"第三次工业革命"的大背景，以3D打印技术为代表的快速成型技术被看作是引发新一轮工业革命的关键要素。目前，在3D打印技术领域，虽然国内与国外存在较大的差距，但是，国内在某些方面已经领先全球，并且从"国家领导人"到"普通民众"对3D打印技术给予了高度的关注和极大的热情，这为提升"中国制造"整体实力提供了一个绝佳的机会，为3D打印的普及应用与深化发展提供了一个良好的平台。

3D打印的未来

（1）3D打印技术未来趋势之一　设备向大型化发展

纵观航空航天、汽车制造以及核电制造等工业领域，对钛合金、高强钢、高温合金以及铝合金等大尺寸复杂精密构件的制造提出了更高的要求。目前现有的金属3D打印设备成形空间难以满足大尺寸复杂精密工业产品的制造需求，在某种程度上制约了3D打印技术的应用范围。因此，开发大幅面金属3D打印设备将成为一个发展方向。

（2）3D打印技术未来趋势之二　材料向多元化发展

3D打印材料单一性在某种程度上也是制约了3D打印技术的发展。以金属3D打印为例，能够实现打印的材料仅为不锈钢、高温合金、钛合金、模具钢以及铝合金等几种最为常规的材料。3D打印仍然需要不断地开发新材料，使得3D打印材料向多元化发展，并能够建立相应的材料供应体系，这必将极大地拓宽3D打印技术应用场合。

（3）3D打印技术未来发展趋势之三　从地面到太空

NASA是美国政府机构中较早研究使用3D打印技术，已利用3D打印技术生产了用于执行载人火星任务的太空探索飞行器（sev）的零部件，并且探讨在该飞行器上搭载小型3D打印设备，实现"太空制造"。"太空制造"是NASA在3D打印技术方向的重点投资领域。为实现"太空制造"，美国已在太空环境的3D打印设备、工艺及材料等领域开展了多个研究项目，并取得多项重要成果。

（4）3D打印技术未来发展趋势之四　助力深空探测

3D打印技术的快速发展和远程控制技术为空间探测提供了新的思路。月面设施构件3D打印技术是利用月球原位资源，采用3D打印技术就地生产月面设施构件，是未来建立大型永久性月球基地的有效途径。该方法能够最大限度地利用原位资源制造 3D 打印所需的粉末材料，继而采用 3D 打印设备直接打印出月面设施构件，大大降低地球发射成本，并可利用月球基地的原位资源探索更远的空间目标。

（5）3D 打印技术未来发展趋势之五　走入千家万户

随着 3D 打印技术的不断发展与成本的降低，3D 打印技术走入千家万户不无可能。也许，未来的某一天，你便可以在家里给自己打印一双鞋子；也许，未来某一天，在你的车子里就放着一台 3D 打印机，汽车的某个零件坏了，便可以及时打印一个重新装上，让你的车子继续飞奔起来，而不是站在路边苦苦地等着别人来把你的车子给拖走……

3D 打印正因为它的独特魅力逐渐融入我们的生活，3D 打印正因为它的独特优势逐渐改变这个世界，3D 打印正因为它的无所不能可以让你的"异想天开"变得"实实在在"，3D 打印正因为它的快速高效可以让你的"驾车旅游"不再孤单，3D 打印正因为它的巨大魔力让建立"月球家园"不再是一个梦想，这就是"3D 打印"。

附录

技能大赛任务分析与样题

近几年世界技能大赛如火如荼，同时国内也相继举办了多次 3D 打印技术相关的全国技能大赛以及世界技能大赛，此类比赛大大激发了学生学习专业技能的兴趣，在学生中形成比学习、比技能的良好氛围，达到"以赛促学，以赛促教，以赛促改"的目的，提高学生的技能水平，为学生实习和求职就业打下坚实的基础，培养学生的团队合作意识，激发学生学习知识的积极性。

世界技能大赛被誉为"世界技能奥林匹克"，其竞技水平代表了当今职业技能发展的世界先进水平。2022 年中国代表团在参加的 34 个项目上共获 21 枚金牌、3 枚银牌、4 枚铜牌和 5 个优胜奖，位列金牌榜第一，金牌总数刷新单届比赛历史最好成绩，展现了中国年轻一代务实肯干、坚持不懈、精雕细琢的工匠精神。增材制造项目作为本届比赛新增项目，中国队取得了骄人的成绩，以赛促学作为教育的一个重要措施，促进了专业的教育高质量发展，扎实践行了"二十大"精神，通过参加高级别技能大赛建设国家战略人才力量，努力培养造就更多大师、战略科学家、一流科技领军人才和创新团队、青年科技人才、卓越工程师、大国工匠、高技能人才。

本教材收集国内 3D 打印相关的国赛和世赛相关赛事规程、样题等文件供大家参考学习，希望对大家参与比赛有所帮助。

目前国内 3D 打印相关国赛与世赛的比赛要求基本一致，下面将以 2021 年全国行业职业技能竞赛"创想杯"增材制造（3D 打印）设备操作员竞赛为例分析基本的比赛要求。

决赛分为综合职业能力测评模块、逆向工程任务模块、3D 打印工艺任务模块三部分，其中综合职业能力测评模块成绩占总成绩的 20%，逆向任务模块成绩占总成绩的 30%，3D 打印任务模块成绩占总成绩的 50%。

1. 综合职业能力测评模块

综合职业能力测评时间为 2 小时，采用笔试形式，具体说明如下：

通过笔试测评选手的综合职业能力，采纳国际流行的 COMET 测评方式，内容包括八项能力指标，细化为四十个观测点。八项指标是直观性、功能性、使用价值导向性、经济性、工作过程导向性、社会接受度、环保性、创造性。

2. 逆向工程任务模块竞赛

本模块分为三个任务，技能操作竞赛时间为 6 小时，具体要求如下：

任务 1：三维数据采集与建模。利用给定三维扫描设备和相应辅助用品，对指定的实物 A 进行三维数据采集和数据处理，并对实物 A 进行三维数字化建模，通过逆向设计所得到的三维模型作为正向创新设计的依据。本项任务主要考核选手利用三维扫描设备进行数据采集的能力和数据处理，以及三维数字化建模的能力。本任务技能操作竞赛时间为 2.5 个小时。

任务 2：三维建模与缺陷修复。选手根据给定已损坏零件的点云数据，对该模型的外观面进行三维数字化建模，在建模过程中，把损坏部分进行修复，使其恢复设计状态。本项任务主要考核选手的三维数字化建模、受损件的修复能力。本任务技能操作竞赛时间为 2 个小时。

任务 3：数据分析与检测。利用给定三维扫描设备和相应辅助用品，对指定的实物 B 进行三维数据采集，根据已给定的该产品的 CAD 数据和 PDF 格式的零件图，进行零件整体外观偏差标注、指定坐标位置点偏差标注、指定的尺寸测量和形位公差检测，并出具检测报告。本项任务主要考核选手对产品的尺寸测量和形位公差的检测，以及创建检测报告的能力。本任务技能操作竞赛时间为 1.5 个小时。

3. 3D 打印工艺模块竞赛

本模块分为六个任务，竞赛时间为 8 小时，以任务书形式公布，具体要求如下：

任务 1：方案设计

根据给定的情景或者任务要求，设计解决问题的产品方案，利用赛场提供的绘图软件绘制产品的设计图纸及产品数字模型。主要考核选手在特定情境或者任务要求下，综合运用所学知识分析问题、解决问题，并利用技术语言表达设计方案的能力。

任务 2：产品内部运动机构设计

根据任务书要求和机械原理、机械设计等专业知识，结合 3D 打印制造工艺特点设计产品传动机构。主要考核选手，应用机械综合知识进行机械运动设计的能力。

任务 3：产品外观造型设计

选手根据三维建模数字数据，能否在规定时间内完成产品的外观结构三维建模造型；造型是否美观；曲面是否饱满、光顺；整体是否符合人机工程学；线条是否清晰；装配关系是否明确；是否结合 3D 打印制造工艺特点进行一体化结构（零件集成制造）设计的能力。

任务 4：产品运动仿真设计

根据完成的产品数字模型，进行产品的运动仿真设计。主要考核选手仿真动画设计制作能力，和在仿真机械运动过程中对整体产品的外观以及运动、装配关系的综合处理能力。

任务 5：产品 3D 打印与后处理

选手根据产品的三维模型数据和赛场提供的 3D 打印机及软件，对该产品进行参数设定和加工。主要考核选手利用 3D 打印机以最佳路径和方法按时高质量完成指定的一体化结构（零件集成制造）的加工任务。并考核选手 3D 打印模型后期处理等方面的能力。

任务 6：职业素养

主要考核竞赛队在本竞赛过程中的以下方面：①设备操作的规范性；②工具、量具的使用；③现场的安全、文明生产；④完成任务的计划性、条理性以及遇到问题时的应对状况等。

2021年国内举办了多次规模较大的技能大赛，例如全国行业职业技能竞赛——"创想杯"增材制造（3D打印）设备操作员竞赛、一带一路暨金砖国家技能发展与技术创新大赛——3D打印造型技术大赛。中国技能大赛是我国技能竞赛的顶级赛事，由中华人民共和国人力资源和社会保障部组织开展。3D打印技术赛项进入国赛，意义非同寻常，比赛的技术特点突出，将多种工艺共同纳入了竞赛范围，技术考察的也比较全面，比赛主要考核三维模型的扫描、逆向建模、正向建模、3D打印机的操作、模型后处理、创新设计等各个方面。另外大赛表彰级别高，对职工组和教师组第一名，直接被人社部授予全国技术能手的称号；大赛同时也注重参赛者的综合能力的考察，引入了COMET国际职业能力测评模型考核综合职业能力。

我们将两类比赛的技术规程、职业能力测评样题和竞赛决赛样题，通过扫描二维码可以浏览学习比赛文件，在学习和练习时一定要注意综合能力培养、技术上一定注意软件操作、打印技巧等方面能够熟练、在保证打印模型的完整性的同时不断提高模型的创新能力。希望能够给学习者有所帮助，希望更多的学习者能够参与相关技能比赛，展示自我、展现职业能力与职业精神，并能够在比赛中学习、成长、收获。

国赛、世赛规程
与样题

参 考 文 献

［1］ 周伟民，闵国全. 3D打印技术［M］. 北京：科学出版有限责任公司，2016.

［2］ 付丽敏. 走进3D打印世界［M］. 北京：清华大学出版社，2016.

［3］ 王刚，黄仲佳. 3D打印实用教程［M］. 合肥：安徽科学技术出版社，2016.

［4］ 郑淑荣，中国3D打印产业的制约因素和应对策略［J］. 上海信息化. 2013（09）：46～49

［5］ 王博，浅谈3D打印技术的发展与应用［J］. 机电技术. 2014（05）：158～160

［6］ 邢鸿飞，麦格雷格·坎贝尔. 虚拟未来：怀疑论者解读3D打印［J］. 世界科学，2013，（02）：52-55.

［7］ Construct hepatic analog by cell-matrix controlled assembly technology［J］. Haixia Liu，Yongnian Yan，Xiaohong Wang，Jie Cheng，Feng Lin，Zhuo Xiong，Rendong Wu. Chinese Science Bulletin. 2006（15）

［8］ SJCM14090900001544［J］. Lin Lu，Andrei Sharf，Haisen Zhao，Yuan Wei，. Qingnan Fan，Xuelin Chen，Yann Savoye，Changhe Tu，Daniel Cohen-Or，Baoquan Chen. ACM Transactions on Graphics（TOG）. 2014（4）

［9］ Sloping wall structure support generation for fused deposition modeling［J］. Xiaomao Huang，Chunsheng Ye，Siyu Wu，Kaibo Guo，Jianhua Mo. The International Journal of Advanced Manufacturing. 2009（11-1）